資訊図表設計図鑑

作者
PIE國際出版編輯部
譯者
陳芬芳

化繁為簡的日本視覺化圖表、地圖、各類指南簡介案例

楽しい！ 美しい！ 情報を図で伝えるデザイン
Fun & Beautiful!
Designs That Convey Information
in Diagrams

Contents 目次

009

圖形・圖表
Graph / Chart

073

結構・圖解
Schematic / Score

143

做法・製作方式
How to

169

地圖・樓層介紹
Map / Floor guide

前言

感謝您閱讀《資訊圖表設計圖鑑》這本書。 本書介紹了許多利用圖形、圖表、圖說和地圖等資訊圖表（infographic）領域裡傑出的設計作品。 把無法單用文字說明的訊息和數據用繪圖、圖形和照片等視覺化的表現編製成歡樂又賞心悅目的作品。

本公司在2013年和2016年分別出版了《用圖傳達資訊的設計》（図で伝える設計）以及《簡易傳達資訊的圖形與設計》（わかりやすく情報を伝えるための図と設計）兩本書，在那之前也固定出版以資訊圖表為主題的書籍，反映出不管在哪個時代、潮流如何演進，資訊圖表總是為人所需。 在SNS盛行的資訊爆炸時代裡，更需要在瞬息之間引發目標對象興趣，傳達資訊的設計能力，而本書就是希望能帶給尋求此類設計能力的人一些幫助。

在本書製作過程中全球爆發新冠病毒疫情，書中也收錄了幾個跟防疫有關的設計作品。疫情的延燒，造成多方面嚴重的影響。 面對前所未有的艱難時刻，藉此機會感謝所有協助本書製作的各方人士。

2020年10月　PIE國際出版編輯部

Introduction

Welcome to *Fun & Beautiful! Designs that Convey Information in Diagrams*. We are delighted to introduce wonderful examples of graphs, charts, illustrated explanations, maps, and other infographics. You will discover beautiful and entertaining visualizations using illustrations, pictograms, photos, and more to relate information and data which words alone cannot capture.

PIE International has long highlighted infographics through quality tomes such as *Graphic Explanation in Design (2013) and Make It Visible—Informative & Cool Infographics: Maps, Charts, Pictograms & More (2016)*. Although social climates and trends change over time, infographics remains an enduring topic. In this social media era of information overflow, the skill to target an audience, capture interest, and convey information/data instantly is increasingly critical. We trust this book will help readers hone that requisite expertise.

As the coronavirus pandemic regrettably struck the world during the creation of this book, we even included a few works thematically spotlighting virus prevention. We were blessed with the cooperation of many contributors even as the unprecedented pandemic continued to impact all aspects of our lives so profoundly. May we extend our heartfelt appreciation to all those who supported this publication. We are indeed grateful for your contributions.

PIE International Editorial Department

October 2020

Editorial Note 編輯註解

用線框起來的是經放大後的部分內容。

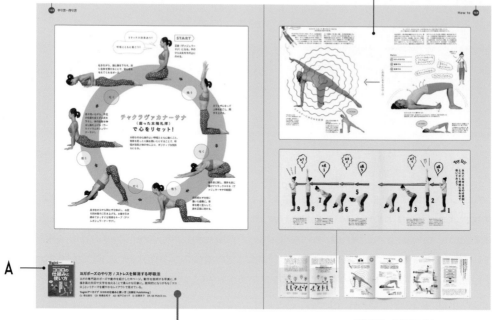

延續到下一個對開頁的作品用 ▶ 記號標示。

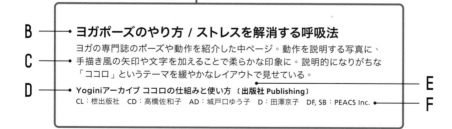

A ─────

B ───── ヨガポーズのやり方 / ストレスを解消する呼吸法

C ───── ヨガの専門誌のポーズや動作を紹介した中ページ。動作を説明する写真に、手描き風の矢印や文字を加えることで柔らかな印象に。説明的になりがちな「ココロ」というテーマを緩やかなレイアウトで見せている。

D ───── Yoginiアーカイブ ココロの仕組みと使い方 （**出版社 Publishing**）　──── **E**

CL：枻出版社　CD：高橋佐和子　AD：城戸口ゆう子　D：田澤京子　DF, SB：PEACS Inc.　●──── **F**

Credit Format
排版介紹

A. 封面（部分作品無封面刊載）　　　D. 媒體／作品名稱
B. 標題　　　　　　　　　　　　　　E. 客戶業種（中・英）
C. 作品說明　　　　　　　　　　　　F. 製作團隊

製作團隊簡稱

簡稱	中文	英文
CL	客戶	Client
CD	創意總監	Creative director
AD	藝術總監	Art director
D	設計	Designer
I	插圖	Illustrator
P	攝影	Photographer
CW	文案	Copywriter
MD	模特兒	Model
DF	設計事務所	Design farm
SB	作品提供	Submitter

※上述以外的稱呼基本上以全名標示。

※ 關於公司名稱裡出現的股份有限公司、（股）、有限公司、（限）等法人組織型態，基本上予以省略。

※ 針對本書所介紹的設計案例，不排除已停銷又或服務、設計和樣式有別於現況的情形，請讀者諒解與包涵。

※ 根據作品提供者的意願，部分作品未載明製作團隊資訊。

009

圖形・圖表
Graph / Chart

🌐 World Watch 2

CRICKET

WORLD'S MOST POPULAR SPORTS

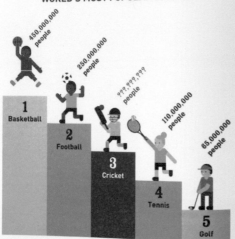

- 450,000,000 people — **1** Basketball
- 250,000,000 people — **2** Football
- 999,999,999 people — **3** Cricket
- 110,000,000 people — **4** Tennis
- 65,000,000 people — **5** Golf

世界では大人気のクリケットとは？

イギリス発祥のスポーツであり、"野球の原型" とも言われるクリケット。日本ではなじみが薄いが、実は海外ではメジャーなスポーツ。イギリスをはじめ、オーストラリア、インド、南アフリカなどで非常に人気が高い。全世界におけるクリケットの競技人口は、その正確な数字は把握されていないが、バスケットボールやサッカーに次いで 3 番目とも言われる。1試合が何日もかけて行われたり、試合中にティータイムがあったりと、ユニークな特徴もいっぱい。

ABOUT CRICKET

01 クリケットって どんなスポーツ？

1 GEARS — Ball / Bat

2 POSITIONS
1, 2: Batsman
3: Bowler
4: Wicket keeper
5–13: Fielder

4 WAY TO SCORE — popping crease
2 batsmen run to the wickets

3 TEAM
Played by 2 teams of 11 players

5 INNINGS
Bowling and batting take turns by dismissals of 10 batsmen

クリケットは 11 人の選手からなる 2 チームが対戦するスポーツ。野球のように打撃側と野手側に分かれ、打撃側の選手が 10 人アウトになると攻守が入れ替わる。グラウンドの中央のピッチ両端にウィケットという木の柱があり、ボウラー（投手）はこのウィケット目がけてボールを投げ、バッツマン（打者）はウィケットが倒されないようにボールを打ち返す。ウィケットが倒されるとアウト。打撃側は、ボールを打ったあとに 2 人のバッツマンがそれぞれ走って反対側のウィケットにつくと 1 点を得る。

02 クリケットのスター選手は 世界屈指の高収入?!

Mahendra Singh Dhoni
$ 26,500,000

写真のマヘンドラ選手の 2011 年の収入は 2,650 万ドル（約 25 億円）と大変高く、この年のクリケット選手のなかでは最高。また、これは全てのスポーツ選手のなかでもトップクラス。

04 試合の途中でまさかの ティータイム?!

クリケットの試合はアウトをとるのが難しく、短い試合でも 7 時間ほどかかり、国対抗の試合などでは 4、5 日かかることもある。そのため、試合の途中にティータイムやランチタイムが設けられている。

03 クリケットは 紳士のスポーツ！

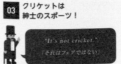
"It's not cricket."
「それはフェアではない」

The bowler got three consecutive outs!!

クリケットは紳士のスポーツとされ、フェアプレー精神が重んじられる。イギリスの日常会話では、"it's not cricket" という表現が「それはフェアではない」という意味で使われることも。

05 "ハットトリック" は 実はクリケット用語！

サッカーでは 1 人の選手が 1 試合で 3 点取ることをハットトリックというが、実はこれはクリケットの用語。昔、あるボウラー（投手）が 3 連続アウトを成し遂げたときに、そのトリックのように難しいプレーをたたえて帽子が贈られたことからこう呼ばれるようになった。

🌐 World Watch 4

EDUCATION

1/5
children in the world can't go to school

国によって千差万別な教育事情

世界には、中学生相当の年齢にも関わらず、貧困などの理由で学校に行くことができない子どもが 6,000 万人以上いる（世界全体の同世代の 5 人に 1 人）。教育を受けられるということは、現代においても幸運で輝いたことなのだ。どこの国でも学校教育は非常に重要なものと考えられており、その制度や設備にたくさんのお金が使われ、研究され、改善が重ねられている。そのシステムとルールはさまざまで、国や地方によって色々なちがいが見られる。

ABOUT EDUCATION

01 日本の教室はすし詰め状態?! 世界の 1 クラスの人数とは

21.4 Students　　**33** Students

日本の中学校の 1 クラスあたりの平均生徒数は 33 人。それに対し、世界の中学校の平均は 21.4 人。外国と比べ、日本の学校は数室内の生徒数が多い。少子化で国全体の生徒数は減っているが、学校の統廃合が進み、1 クラスの人数は増加傾向に。

02 義務教育の年数は 国によって違う！

DURATION OF COMPULSORY EDUCATION

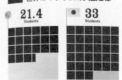

- 5 years — Laos / Singapore / Tanzania
- France / Denmark — Japan / Finland / China — India
- 10 — UK / Turkey — Netherlands
- 11 — 12 — 13

日本の義務教育は小学校 6 年間と中学校 3 年間の計 9 年間だが、その年数や制度は国によってさまざま。日本が採用する 9 年間という長さは、多くの国に見られる標準的な年数。

03 アメリカの学校って どんな感じ？

6 2 4 years (or 5・3・4)

小中高の年数は 6・2・4 もしくは 5・3・4 が多い

小学校でも留年や飛び級がある

3 months

夏休みがなんと 3 か月

English
教科書はすべてレンタル

ランチは校内のカフェテリアで食べる。給食はない

入学式がない

担任も職員室もない

掃除の時間も当番がない

最後に、学校のルールなどの事情はずいぶんちがう。ここに紹介しているのは、アメリカの一般的な公立学校の慣習の一部。日本の学校と比べていくと、国民性や文化のちがいが見えてくるかも。

World Watch 1

ECOLOGY

25m swimming pool ×
420,000
of garbage in 1 year in Japan

500km

25m swimming pool

日本全国で1年に出るゴミの量＝25メートルプール42万杯分

現代の人間の生活は，たくさんのモノを買い，使い，捨てることで成り立っている。しかし忘れてはいけないのは，どんなモノを生み出すにも必ず地球の資源が使われているということ。そして人間が捨てたゴミは，地球に負担をかけずに消えているわけではない。ふだんの何気ない行動が地球環境に与える影響を考えてみよう。

ABC

01 人口の爆発的増加によって
環境問題が深刻化

1950 　　　　　 2,500,000,000 people

1987 　　　　　　　　　 5,000,000,000

2011 　　　　　　　　　　　　 7,000,000,000

世界の人口は，1950年代には約25億人だった。1987年には約50億人になり，2011年には70億人を超えた。つまり半世紀で人口は2倍以上に増えたということ。人口増加や経済成長に比例して環境破壊も深刻になっている。

02 1人あたりのゴミ焼却量は
日本が世界一

1st
Japan

2nd
France

3rd
Germany

320kg

180

140

上の絵が示しているのは，国民1人あたりが出す1年のゴミの量。日本はゴミ焼却場の数がダントツで世界一多く，ゴミを世界一燃やしている国なのだ。

03 レジ袋1枚はどれくらい
環境に影響するの？

レジ袋を1枚作るのに，石油18.3mlが使われ，40gのCO_2が排出される。レジ袋は使い捨て文化の象徴。何気ない使用が環境への負担になる。無駄使いをやめることは，だれでも取り組める環境保護への第一歩。

18.3
OIL

40
CO_2

不同主題的各國比較圖

此為日本中學英文課裡使用的副教材，不管英文程度好或不好，都能引發學生學習的興趣。作品裡應用資訊圖表來傳達題材的背景，簡單易懂，兼顧樂在學習的層面。

EIGO LAB（出版社 Publishing）
CL：正進社　AD, D, I：濱名信次　D, I：濱本富士子　SB：Beach

⊕ World Watch 1

BLUE WHALE

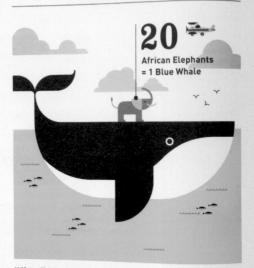

20 African Elephants = 1 Blue Whale

地球で一番大きい動物, シロナガスクジラ！

この星に生息する最大の動物, シロナガスクジラ（英語名は Blue Whale）。平均的な重さは 100 トン前後, 最大記録は 190 トン！ これは, 陸生の動物でもっとも大きいアフリカゾウの 20 頭分を優に超える重さ。平均寿命は 80 〜 90 歳と野生動物のなかでもトップクラスの長寿で, 110 歳を超える個体も確認されている。

ABOUT BLUE WHALE

01 潮ふきの高さも チャンピオン?!

クジラの潮ふきは正式には「噴気」という。その正体はクジラの息吹で, 海水を吹き上げているわけではない。シロナガスクジラの潮ふきは高さ 10m までものぼる。

 10m

02 主食は 大量のプランクトン！

more than **4t** of krills

大型クジラは 1 日に体重の 4 〜 5％ の捕食が必要と言われる。シロナガスクジラの場合は, 主食のプランクトン「オキアミ」を 1 日に 4 トン以上食べている。

03 クジラの胃は 4つある?!

1 **2** **3** **4**

シロナガスクジラに限らず, クジラは 3 〜 4 つの胃袋を持つ。それぞれの胃袋は異なる役割を持っている。

04 最大のシロナガスクジラは 11階建てビルより大きい?!

 33.58m

これまでに確認された最大のシロナガスクジラは, 1909 年に発見された 33.58m のメスの個体。この体長は, 一般的なビルの 11 階の高さに相当する。

05 脳の大きさは どのくらい？

 Blue Whale **6.9kg** Human **1.3kg**

シロナガスクジラの脳は 6.9kg 前後。ちなみに地球上で最も脳が大きいのはマッコウクジラで約 9.2kg という記録がある。

⊕ World Watch 1

RAKUGO

Road to "SHINUCHI"

 真打 **SHINUCHI**

FUTATSUME **6～10** years

ZENZA **4～6** years

ZENZA MINARAI **～0.5** years

日本が誇る伝統芸能「落語」

ひとりの演者が, 舞台上のざぶとんに座って, しゃべり, 動き, 演じる。落語はとてもシンプルな話芸である。その歴史は長く, 江戸時代から日本の庶民を楽しませてきた。個性豊かな登場人物が織りなす滑稽な笑い話, 見ごたえのある芝居話など, 落語にはバラエティー豊かな演目がいっぱい。最近では国内外で英語落語の公演も行われ, 海外での人気も少しずつ高まってきている。

ABOUT RAKUGO

01 落語が生まれるまでの 道のりを知る！

平安時代・鎌倉時代	安土桃山時代	江戸時代
落語の原型は, 僧侶が広めた笑い話	現在の落語にも通ずる「御伽衆」の話	落語家の誕生！

落語の原型は, 僧侶が広めた笑い話。仏教僧が, 説法の際に聴衆の関心を引くために披露したおかしな話が, 落語の原型と言われている。

現在の落語にも通ずる「御伽衆」の話。大名の相談役「御伽衆」は, 時に笑い話で主君を楽しませた。その中には落語の元になった話も。

落語家の誕生！ 太平の江戸時代には, 経済が発展しさまざまな文化が花開いた。落語もその一つ。当時の代表的な大衆娯楽となった。

02 落語の小道具は 「扇子」と「手ぬぐい」

 Sword　Sake cup　Pipe
 Book　Sweet potato　Wallet

落語家は, 基本的に扇子と手ぬぐいだけですべてのものを表現する。関西の落語では, 「見台」「膝隠し」「小拍子」も使われる。

03 「寄席」に行こう！

「寄席」とは, 落語などの大衆演芸が上演される常設小屋のこと, またはその興行自体のことも指す。東京や大阪には毎日営業している寄席があり, 人々の娯楽として根づいている。

 浅草演芸ホール　かつて江戸文化の中心地であった浅草で 1964 年に開場。

天満天神繁昌亭　大阪にある, 関西で唯一毎日落語が見られる寄席。

新宿末廣亭　1897 年以来 100 年以上, 東京で大衆落語を行っている。

04 落語には どんな種類があるか？

 滑稽 噺　人々の生活をおもしろおかしく描いた笑い話。話の最後は大きな笑いを誘う「落ち（下げ）」で締めくくる。多くの演目がこのタイプ。

人情 噺　親子や夫婦などの情愛を主題とする話。人の心や情の動きを描き, 聞き手の感動を誘う。

怪談 噺　幽霊や妖怪が出てくる怖い話。中には数時間から数日かけて演じられる長大な演目も。かつては夏の風物詩であった。

芝居 噺　演者の後ろに背景画を置いたり, 音楽を使ったり, 大掛かりな演出で芝居風に演じられる話。成績の激情な役の一幕を一人で演じることも。

World Watch 1

THE WORLD NATURAL HERITAGE

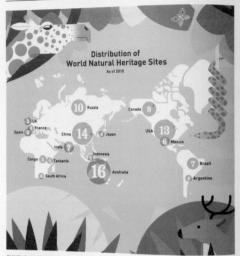

Distribution of
World Natural Heritage Sites
As of 2015

UK France Russia 10 Canada 9
Spain China 14 Japan
India USA 13 Mexico 6
Congo Tanzania 8 Indonesia Brazil
South Africa Australia 16 Argentina 7

"世界自然遺産" は地球の宝物！

"自然遺産" とは世界遺産のカテゴリーの一つ。素晴らしい自然美、独自の生態系などを持つ地域が、国際自然保護連合 (IUCN) によって審査され、世界遺産委員会によって登録される。上の地図は自然遺産を多く持つ国を示している（数字はその国の「自然遺産」と「複合遺産」との合計数を表す）。日本にも 4 ヶ所 の素晴らしい自然遺産がある（2015年時点）。

ABOUT THE WORLD NATURAL HERITAGE

01 世界遺産は全部で3種類。その一つが世界自然遺産

Type 1	自然遺産 Natural Heritage	197
Type 2	文化遺産 Cultural Heritage	802
Type 3	複合遺産 Mixed Heritage	32

(2015)

景色や生態系などの「自然遺産」、記念物や遺跡、建物などの「文化遺産」、その両方の価値を備えている「複合遺産」。世界遺産はこの 3 種類から成り立つ。

02 自然遺産はどのような基準で認定される？

Point 1 Point 2 Point 3 Point 4
自然美 地形・地質 生態系 生物多様性

独自の自然現象や美しさがあること、地球の歴史や生命の進化の上で重要な地形や地質、生物が見られること、絶滅危惧種を含む生物多様性が保たれた野生の自然があること、などが評価基準となる。いずれか 1 つ以上を満たすことが必要。

03 日本が誇る "自然遺産" はこの4つ！

1 白神山地 1993 年登録
青森県と秋田県にまたがる、東アジア最大級のブナ原生林が広がる地域。国の特別天然記念物であるカモシカなど、めずらしい野生動物が多く生息する。

2 屋久島 1993 年登録
鹿児島県に属する島。標高約2,000mの山々があることから、島の中で寒暖の差が大きく、豊富な植物の種類が見られる。また、樹齢1,000年を超える「屋久杉」が有名。

3 知床 2005 年登録
流氷が到達する場所としては北半球でもっとも南にある知床。この流氷が運んでくる大量のプランクトンを魚が食べ、その魚が川を上ってヒグマのエサになる。こうした食物連鎖が、海、川、森とつながる豊かな生態系を作り上げている。

4 小笠原諸島 2011 年登録
これまで一度も大陸と陸続きになったことがなく、海流や風に乗って島にやってきた生物たちが長い時間をかけて独自の進化を遂げ、独特の生態系を作り上げている。

World Watch 2

STUDYING ABROAD

QS BEST STUDENT CITIES

1 PARIS
2 MELBOURNE
3 LONDON
4 SYDNEY
5 HONG KONG
6 BOSTON
7 TOKYO
8 MONTREAL
9 TORONTO
10 SEOUL

さまざまなことを学べる "留学"

海の向こうにはどんな世界が広がっているのだろう。人々はどんな考えを持ち、どんな暮らしをしているのだろう。情報の流れがさかんになった現代においても、海外生活の経験はとても貴重で、有意義なもの。"留学" はそのための有効な手段だ。上の図は、イギリスのクアクアレリ・シモンズ社が毎年選ぶ「QS Best Student Cities（学生にとって最良の都市）」。英語圏の地域が多いが、東京も第 7 位と、学びの良い街として世界に知られている。

ABOUT STUDYING ABROAD

01 日本人留学者数は減り続けている

THE NUMBER OF JAPANESE STUDENTS ABROAD

90,000
82,945 (People)
70,000
57,501
50,000
2002 2004 2006 2008 2010

2004 年をピークに、海外へ留学する日本人学生の数は減少。2012 年には、中国が米国を抜き、もっとも人気の高い留学先に。

02 留学時の滞在手段にはどんなものがある？

留学先での滞在方法は主に下の3つが考えられる。それぞれのメリット、デメリットを知っておきたい。

1 HOME STAY ホームステイ
メリット：現地の家庭生活を身をもって体験でき、英語を使う機会も多い。食事などに心配もない。
デメリット：ステイ先の家族になじめるかは当たり外れも。通学に時間と交通費がかかる場合も。

2 STUDENT DORMITORY 学生寮
メリット：通学に時間がかからない、寮りのさまざまな国の留学生と友達になりやすいなどが魅力。
デメリット：相部屋の場合、ルームメイトとの相性の良し悪しは、過ごしやすさにつながる点が大きい。

3 APARTMENT アパートで暮らす
メリット：自分のペースで生活でき、同世代や地域の住人と交流を深められたりするのもおすすめの点だ。
デメリット：自分で部屋を探し、自分で家事もこなしたりしなければならない。

03 日本式とは少しちがう、海外の常識やマナーとは?!

環境や文化がちがうところでは、常識や習慣もちがう。海外の生活を始めると、そのちがいに直面することも多いだろう。現地の人たちに失礼にならないよう、それらをあらかじめ知っておくことが大切。

UK

イギリスでは、料理をフォークですくって口に運ぶのはマナー違反。ナイフを使い、フォークの背に乗せて食べる。

USA

アメリカでは、目上の人の前で足を組むのは失礼ではない。むしろ面接などではリラックスした様子をアピール。

GERMANY

ドイツでは、授業中などに手を挙げるとき、人差し指を立てる。手のひらを広げて挙手するのはマナー違反。

FRANCE

フランスなど水を大切にする習慣がある国では、食器を洗剤で洗ったあと、すすがずに乾かすことがよくある。

KOREA

韓国では外食時に、誘った人か年配の人が代金を支払う。同世代の人の場合は割り勘に持ち回りで支払うのが一般的。

TAIWAN

台湾の地下鉄では、車内やホームの一部で一切の飲食が禁止されている。違反すると罰金が科せられることも。

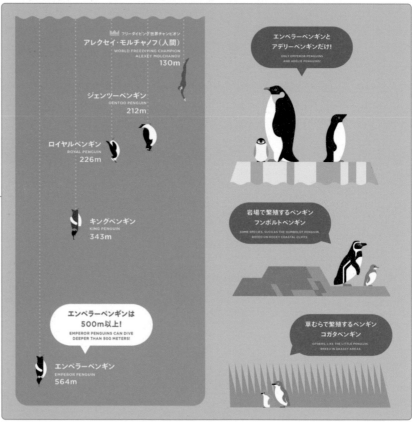

全世界的18種企鵝圖鑑

18種企鵝依體長排列的圖表彰顯了個別種類外形的特徵，一目了然。除了體重和繁殖期等基本資訊，各種雜學知識也以圖解方式做介紹，讓讀者能樂在其中。

ANA Travel & Life (網路雜誌) 〔航空運輸 Air transportation business〕

CL：全日本空輸　AD, D, SB：groovisions

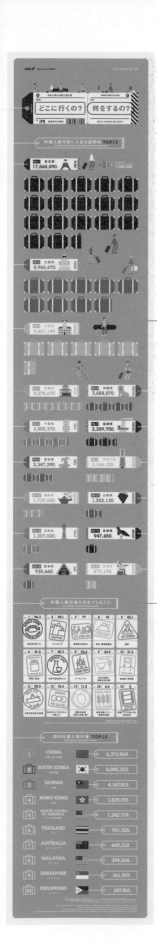

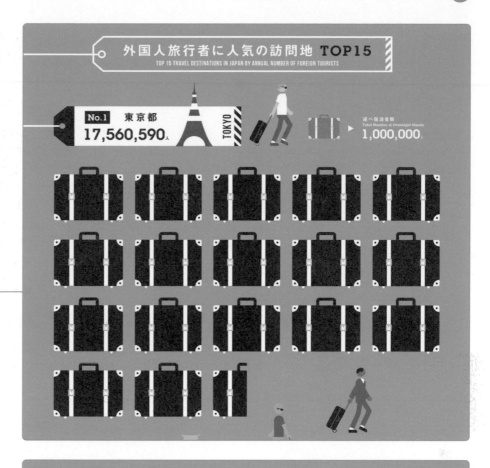

外国人旅行者に人気の訪問地 TOP15
TOP 15 TRAVEL DESTINATIONS IN JAPAN BY ANNUAL NUMBER OF FOREIGN TOURISTS

No.1 東京都 17,560,590人 TOKYO

延べ宿泊者数
Total Number of Overnight Guests
1,000,000人

外国人旅行者が日本でしたこと
TOP 15 JAPANESE ATTRACTIONS FOR FOREIGN TOURISTS

No. 1 96.3 %	No. 2 89.1 %	No. 3 77 %	No. 4 74 %	No. 5 45.1 %
JAPANESE CUISINE 日本食を食べる	SHOPPING ショッピング	CITY STROLLING 繁華街の街歩き	PLACES OF NATURAL & SCENIC BEAUTY 自然・景勝地観光	HOT SPRINGS 温泉

No. 6 41.4 %	No. 7 40.3 %	No. 8 26.4 %	No. 9 24.8 %	No. 10 21.8 %
OVERNIGHT STAY AT A RYOKAN INN 旅館に宿泊	JAPANESE SAKE 日本の酒を飲むこと	THEME PARKS テーマパーク	JAPANESE HISTORY TRADITIONAL EXPERIENCE 日本の歴史・伝統文化体験	MUSEUMS 美術館・博物館

去哪裡？做什麼？外國人最愛的TOP 15旅遊景點
該作品把外國人訪問日本的目的、目的地等動向做了視覺性整理，像是用旅行箱
來表達不同景點的旅客人數，並採圖案設計說明來訪期間從事哪些活動等。

ANA Travel & Life（網路雜誌）〔航空運輸 Air transportation business〕
CL：全日本空輸　AD, D, SB：groovisions

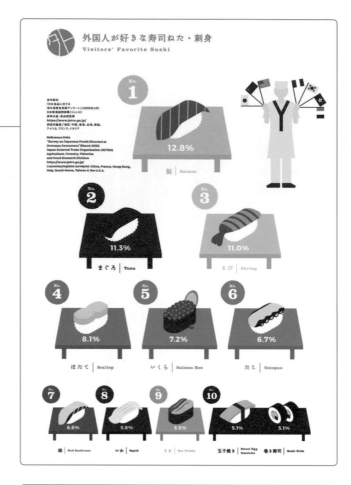

外国人が好きな寿司ねた・刺身
Visitors' Favorite Sushi

No.1 12.8% 鮭 | Salmon

No.2 11.3% まぐろ | Tuna

No.3 11.0% えび | Shrimp

No.4 8.1% ほたて | Scallop

No.5 7.2% いくら | Salmon Roe

No.6 6.7% たこ | Octopus

No.7 6.6% 鯛 | Red Seabream

No.8 5.8% いか | Squid

No.9 5.5% うに | Sea Urchin

No.10 5.1% 玉子焼き | Sweet Egg Omelette / 巻き寿司 | Sushi Rolls 5.1%

参考資料
「日本食品に対する
海外消費者意識アンケート」(2013年3月)
日本貿易振興機構(ジェトロ)
農林水産・食品調査課
https://www.jetro.go.jp/
調査対象国/地区:中国、香港、台湾、韓国、
アメリカ、フランス、イタリア

Reference Data
"Survey on Japanese Foods Directed at
Overseas Consumers"(March 2013)
Japan External Trade Organisation (JETRO)
Agriculture, Forestry, Fisheries
and Food Research Division
https://www.jetro.go.jp/
Countries/regions surveyed: China, France, Hong Kong,
Italy, South Korea, Taiwan & the U.S.A.

知っているとより楽しい！すし用語
Have more fun at the sushi bar with this vocab builder!

シャリ Shari
寿司飯のこと。仏舎利からきており、
お釈迦様の遺骨は白く、細かいことから。
Sushi rice. From the Japanese busshari, the bones of the
Buddha. The small grains of rice are said to resemble tiny
white bones and represent the respect sushi chefs have
for their rice.

ナミダ Namida
わさびのこと。あまり辛いと涙が出ることから。
単に「さび」ともいう。
Wasabi. From the Japanese for teardrops,
which can arise when your wasabi is a little too spicy.
Also simply called sabi.

むらさき Murasaki
醤油のこと。醤油の色から。
Soy sauce. From the Japanese for purple, the color of
soy sauce.

あがり Agari
お茶のこと。花柳界からきた言葉で、
本来は最後に出すお茶のこと。
Green tea. Agari means to finish in Japanese.
Tea was originally served at the end of a meal.

外國人和日本人喜歡的壽司排名

本作品涵蓋了外國人喜愛的壽司和生魚片、以及日本人在迴轉壽司店裡常吃
的壽司種類排名，併同壽司用語介紹。用通俗的插畫風格來展現壽司等日式
題材。

ANA Travel & Life（網路雜誌） （航空運輸 Air transportation business）
CL：全日本空輸　AD, D, SB：groovisions

MANGO マンゴー

	1	2	3	4	5	6	7	8	9	10	11	12
Bangkok, Thailand タイ（バンコク）				▓	▓	▓	▓					
Jakarta, Indonesia インドネシア（ジャカルタ）									▓	▓	▓	
Ho Chi Minh City, Vietnam ベトナム（ホーチミン）		▓	▓	▓	▓	▓	▓					
Manila, Philippines フィリピン（マニラ）												
Kuala Lumpur, Malaysia マレーシア（クアラルンプール）						▓	▓	▓	▓			

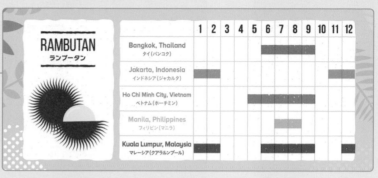

RAMBUTAN ランブータン

	1	2	3	4	5	6	7	8	9	10	11	12
Bangkok, Thailand タイ（バンコク）					▓	▓	▓					
Jakarta, Indonesia インドネシア（ジャカルタ）	▓											▓
Ho Chi Minh City, Vietnam ベトナム（ホーチミン）					▓	▓	▓	▓				
Manila, Philippines フィリピン（マニラ）												
Kuala Lumpur, Malaysia マレーシア（クアラルンプール）				▓			▓	▓				▓

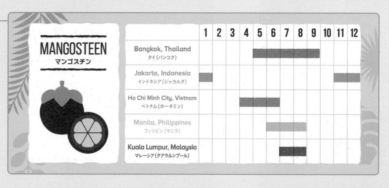

MANGOSTEEN マンゴスチン

	1	2	3	4	5	6	7	8	9	10	11	12
Bangkok, Thailand タイ（バンコク）				▓	▓	▓	▓	▓				
Jakarta, Indonesia インドネシア（ジャカルタ）	▓										▓	
Ho Chi Minh City, Vietnam ベトナム（ホーチミン）				▓	▓	▓						
Manila, Philippines フィリピン（マニラ）						▓	▓					
Kuala Lumpur, Malaysia マレーシア（クアラルンプール）											▓	

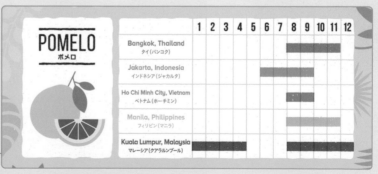

POMELO ポメロ

	1	2	3	4	5	6	7	8	9	10	11	12
Bangkok, Thailand タイ（バンコク）								▓	▓			
Jakarta, Indonesia インドネシア（ジャカルタ）					▓	▓						
Ho Chi Minh City, Vietnam ベトナム（ホーチミン）								▓	▓			
Manila, Philippines フィリピン（マニラ）									▓			
Kuala Lumpur, Malaysia マレーシア（クアラルンプール）	▓	▓								▓	▓	▓

南國水果最佳嚐鮮季節為何？

用圖表說明泰國和印尼等東南亞5個國家，芒果和木瓜等12種熱帶水果的最佳嚐鮮季節。表中的高彩度用色提升了主題的親和力。

ANA Travel & Life（網路雜誌）〔航空運輸 Air transportation business〕
CL：全日本空輸　AD, D, SB：groovisions

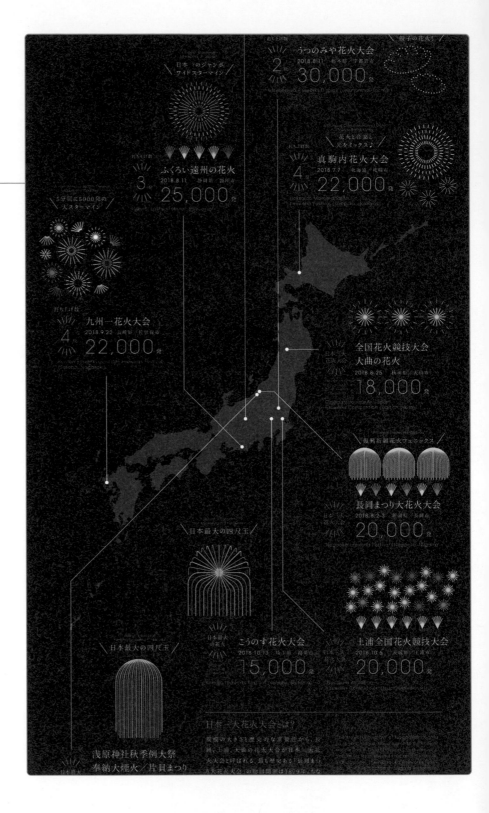

來去觀賞日本第一的煙火盛會

本作品以資訊圖表呈現日本各地煙火大會施放的煙火數量排名和種類。夜幕般的紺青色背景映著著繽紛多彩、種類各異的煙火插圖，形成豐富的視覺感受。

ANA Travel & Life（網路雜誌）（航空運輸 Air transportation business）
CL：全日本空輸　AD, D, SB：groovisions

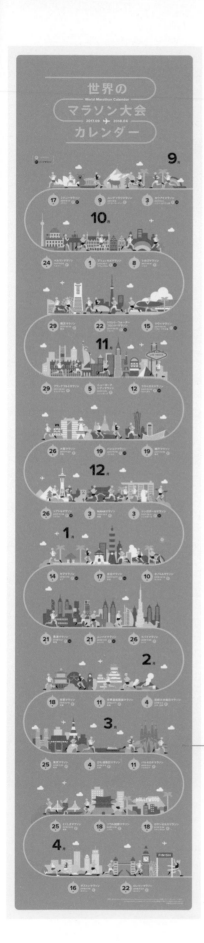

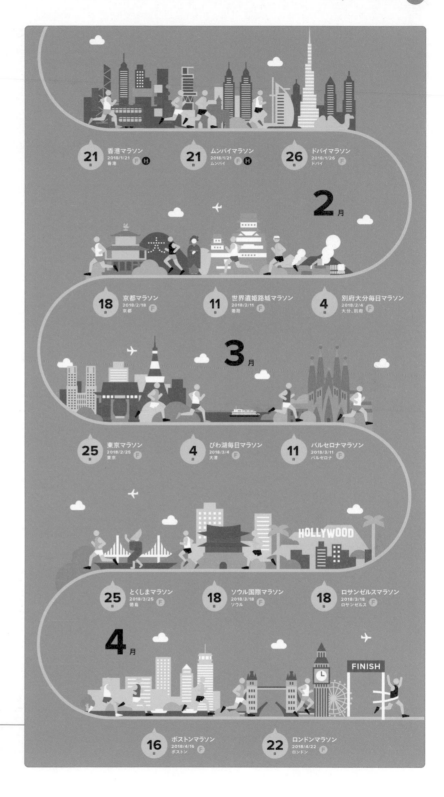

全球馬拉松會期

該行事曆介紹了從2017年9月到2018年4月之間在日本國內外舉辦的馬拉松大會會期。用蜿蜒的曲線帶出活動日期的前後排序，並在其中插穿跑者和象徵大會地點的圖示。

ANA Travel & Life（網路雜誌）〔航空運輸 Air transportation business〕
CL：全日本空輸　AD, D, SB：groovisions

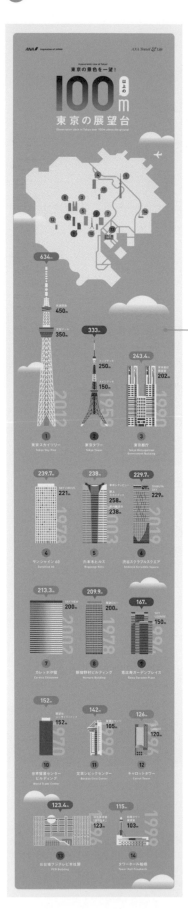

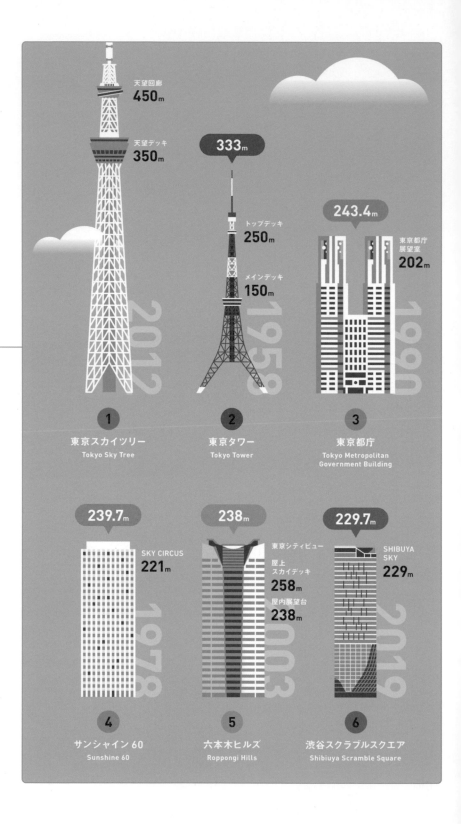

眺望東京！高度在100m以上的東京觀景臺

東京23區內高度在100公尺以上的觀景臺排名。根據實際縮圖比例繪製而成的建築物插畫，反映出個別高度的差異，一目了然。作品上方也用地圖標示出建築物的所在地。

ANA Travel & Life（網路雜誌）〔航空運輸 Air transportation business〕
CL：全日本空輸　　AD, D, SB：groovisions

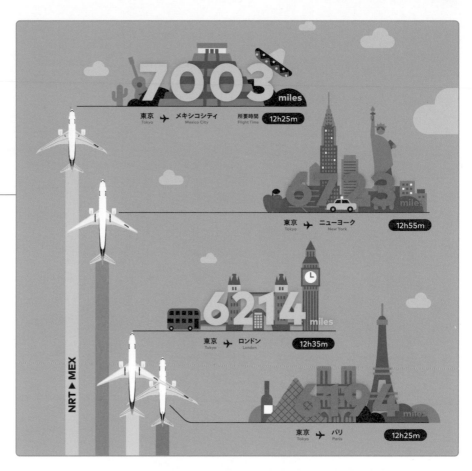

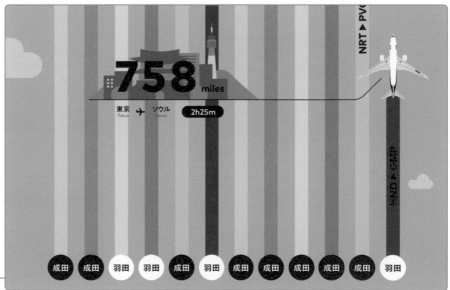

ANA國際航線飛行距離比較

本作品就ANA直飛全球42個都市（2018年4月）裡12條國際航線的飛行距離
做一排名，並以機尾後方狀似飛機雲的彩色直條圖來表達其飛行距離。

ANA Travel & Life（網路雜誌）〔航空運輸 Air transportation business〕
CL：全日本空輸　AD, D, SB：groovisions

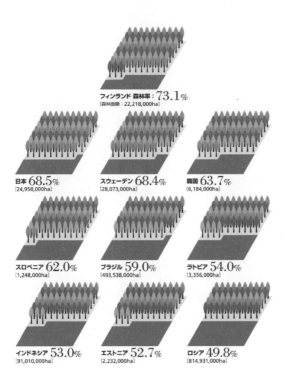

G20+OECD會員國裡森林面積比例最高的10大國家[2015年5月4日綠之日]
Source:FAO "Global Foret Resources Assessment 2015" / Design：infogram©

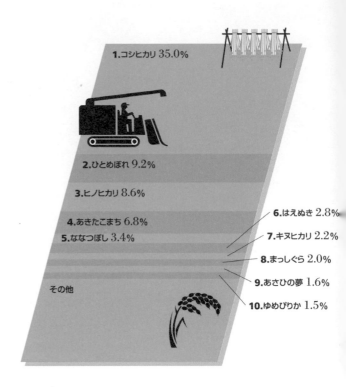

耕種面積最廣的10大稻米品種[2018年產]
Source:米穀安定供給確保支援機構 / Design：infogram©

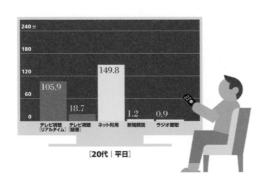

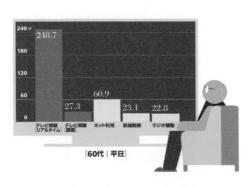

主要媒體平均使用時間 [2月1日 電視台播放記念日]
Source：日本總務省情報通信政策研究所「平成30年度資訊通信媒體使用時間與
資訊行動相關調查報告」/ Design：infogram©

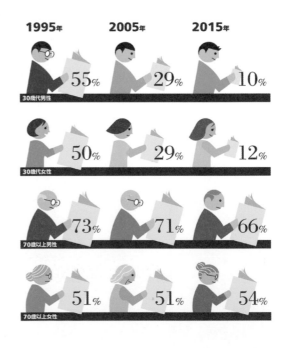

閱讀報紙的人口比例 [男女年齡別之讀者比例 10月15日起的週間平日新聞]
Source：NHK國民生活時間調查 / Design：infogram©

平均 **4,300** 円

4.1%
0.1%
0.2%
23.6%
42.7%

お年玉

8.0%
21.4%

[小学生]

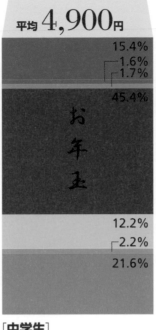
平均 **4,900** 円

15.4%
1.6%
1.7%
45.4%

お年玉

12.2%
2.2%
21.6%

[中学生]

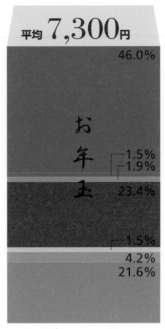
平均 **7,300** 円

46.0%

1.5%
1.9%
23.4%

お年玉

1.5%
4.2%
21.6%

[高校生]

壓歲錢要包多少才適當？
Source：日本生命保險相互會社「2018年的抱負與期望」問卷調查 [2017年12月] /
Design：infogram©

■ 0円		■ 6〜8千円 未満
■ 〜2千円 未満		■ 8千円〜1万円未満
■ 2〜4千円 未満		■ 1万円〜
■ 4〜6千円 未満		

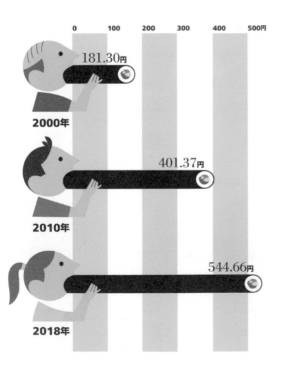

0   100   200   300   400   500円

181.30円
2000年

401.37円
2010年

544.66円
2018年

2月3日惠方卷的消費金額 [2月3日 節分（立春的前一日）]
Source：日本總務省統計局「家計調查」（壽司便當類單一家庭日別消費金額）/
Design：infogram©

info calendar

保險公司智庫月報的表4裡每期固定刊載的資訊圖表。循與當月有
關的主題創作充滿趣味性的數據介紹。

NLI Research Institute Report（研究機構 Research institute）
CL：NLI Research Institute　AD：中川憲造　D：森上 曉 / 延山博保 / 髙木沙織
DF：infogram　SB：NDC Graphics

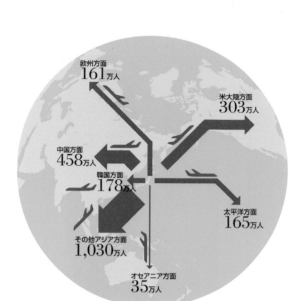

地區別國際航線旅客人數2018年 [12月17日 飛機日・萊特兄弟之日]
Source：日本國土交通省「航空運輸統計」 / Design：infogram©

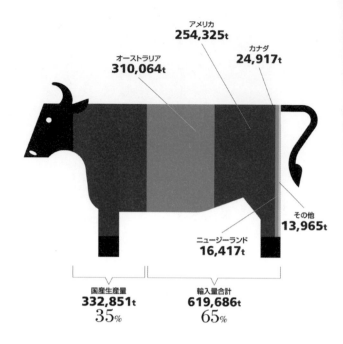

牛肉供給量2018年度 [11月29日 良肉日（日語發音同1129：iiniku）]
Source：日本農林水產省「食用肉類流通統計」、財務省「貿易統計」 / Design：inf
ogram©

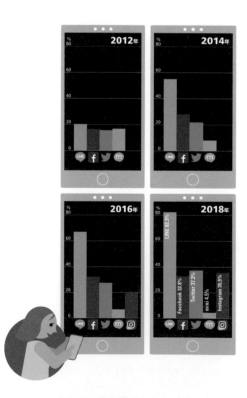

主要SNS使用率 [5月17日 世界電氣通信日]
Source：日本總務省情報通信政策研究所 / Design：infogram©

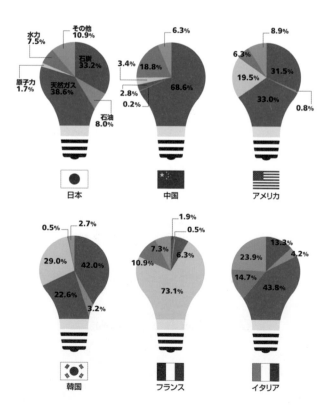

電力供應來源別的供電比例2016年 [3月25日 電氣紀念日]
Source：IEA "World Energy Balances 2018" / Design：infogram©

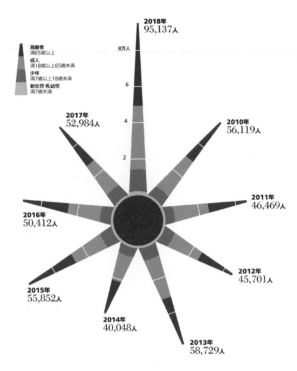

高齢者
満65歳以上
成人
満18歳以上65歳未満
少年
満7歳以上18歳未満
新生児・乳幼児
満7歳未満

2018年
95,137人

2017年
52,984人

2010年
56,119人

2011年
46,469人

2016年
50,412人

2012年
45,701人

2015年
55,852人

2014年
40,048人

2013年
58,729人

全國因中暑緊急送醫人數 [6月〜9月，但2015〜2018年為5月〜9月]
Source：日本總務省消防廳報導資料 / Design：infogram©

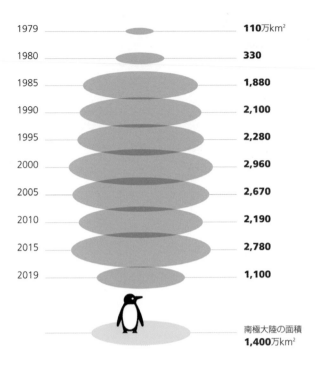

1979	110万km²
1980	330
1985	1,880
1990	2,100
1995	2,280
2000	2,960
2005	2,670
2010	2,190
2015	2,780
2019	1,100

南極大陸の面積
1,400万km²

南極最大臭氧層破洞面積年別 [3月23日 世界氣象日]
Source：日本氣象廳（出自美國國家航空暨太空總署提供的TOMS和OMI數據）/
Design：infogram©

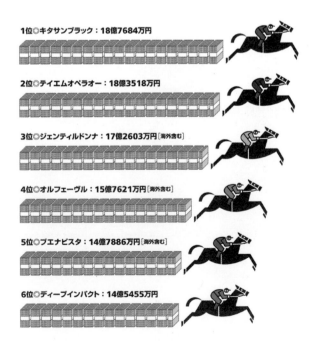

1位◎キタサンブラック：18億7684万円

2位◎テイエムオペラオー：18億3518万円

3位◎ジェンティルドンナ：17億2603万円 [海外含む]

4位◎オルフェーヴル：15億7621万円 [海外含む]

5位◎ブエナビスタ：14億7886万円 [海外含む]

6位◎ディープインパクト：14億5455万円

歴代賽馬獎金排名 [4月24日 日本優駿紀念日]
Source：日本中央競馬會 / Design：infogram©

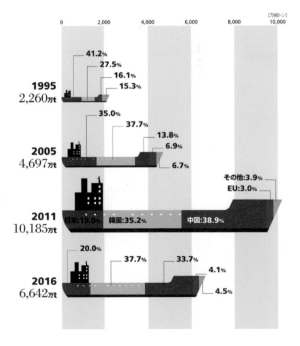

全球商船建造量 [7月第3個星期一 海之日]
Source：IHS「World Fleet Statistics」/ Design：infogram©

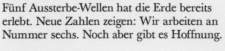

BESTANDSAUFNAHME DES AUSSTERBENS

Fünf Aussterbe-Wellen hat die Erde bereits erlebt. Neue Zahlen zeigen: Wir arbeiten an Nummer sechs. Noch aber gibt es Hoffnung.

Infografik: Valerio Pellegrini

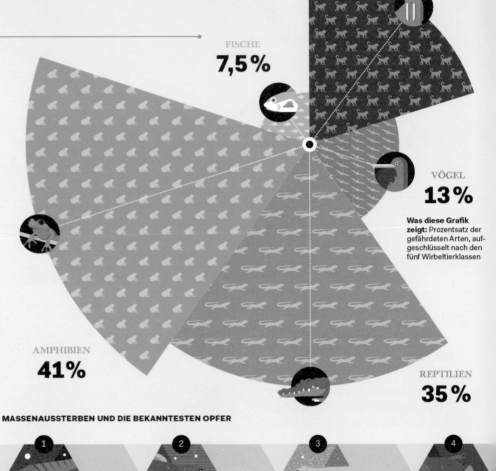

SÄUGETIERE
25 %

FISCHE
7,5 %

VÖGEL
13 %

Was diese Grafik zeigt: Prozentsatz der gefährdeten Arten, aufgeschlüsselt nach den fünf Wirbeltierklassen

AMPHIBIEN
41 %

REPTILIEN
35 %

MASSENAUSSTERBEN UND DIE BEKANNTESTEN OPFER

1 Oberes Ordovizium
vor ca. 444 Millionen Jahren
Kopffüßer (z. B. Orthoceras)

2 OBERDEVON
vor ca. 370 Millionen Jahren
Panzerfische (z. B. Dunkleosteus)

3 PERM-TRIAS-GRENZE
vor ca. 252 Millionen Jahren
Therapsiden (z. B. Gorgonops)

4 TRIAS-JURA-GRENZ
vor ca. 200 Millionen Jahr
Große Amphibien (z. B. Gerro

已滅絕動物相關視覺圖示

為雜誌《Terra Matter》設計的作品。滅絕動物的插圖深具視覺效果，在圓餅圖的背景設計也使用該動物的輪廓形象做點綴。

滅絕動物表（出版社 Publishing）
CL, CD: Terra Mater D, I, SB：Valerio Pellegrini

ARTENSCHUTZ

Nearktis Indexwert (1970 = 1)

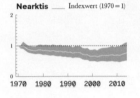

```
2
1
0
  1970  1980  1990  2000  2010
```

Afrotropis

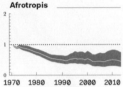

```
2
1
0
  1970  1980  1990  2000  2010
```

Neotropis

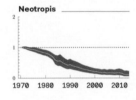

```
2
1
0
  1970  1980  1990  2000  2010
```

Indopazifik

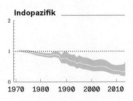

```
2
1
0
  1970  1980  1990  2000  2010
```

Paläarktis

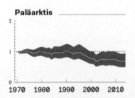

```
2
1
0
  1970  1980  1990  2000  2010
```

Das Massensterben betrifft nicht alle Regionen gleich: Laut WWF Living Planet Report 2018 haben die Populationen in der Neotropis (Zentral- und Südamerika) und im Indopazifik am meisten gelitten. Gemäßigte Regionen der Nordhalbkugel kamen vergleichsweise glimpflich davon.

Quellen: IUCN Red List, Version 2018-1; WWF: „Living Planet Report 2018: Aiming Higher"; Ashraf Elewa (Hrsg.): „Mass Extinction", Springer, Berlin, Heidelberg 2008

KREIDE-PALÄOGEN-GRENZE
vor ca. 65 Millionen Jahren
Dinosaurier (z. B. Tyrannosaurus)

ANTHROPOZÄN
seit ca. 200 Jahren
Große Säugetiere?

NEUE ARTEN ENTSTEHEN, ALTE ARTEN STERBEN AUS: DAS IST DER LAUF DER DINGE SEIT DER ENTSTEHUNG DES LEBENS. Doch wie an der Börse kommt es bisweilen zum Crash – und innerhalb von wenigen tausend bis ein paar hunderttausend Jahren gehen ganze Familien und Gruppen verloren. So wie die Dinosaurier, die vor etwa 66 Millionen Jahren vom Erdboden verschwanden, als ein Meteoriteneinschlag in Kombination mit gewaltigen Vulkanausbrüchen drei Viertel aller Tier- und Pflanzenarten auslöschte. Es war das letzte der bisher fünf großen Massenaussterben in der Erdgeschichte.

Doch die Anzeichen verdichten sich, dass wir uns gerade mitten im sechsten großen Sterben befinden: Laut dem aktuellen WWF-Report sind die Tierpopulationen seit 1970 um 60 Prozent zurückgegangen. Die Rote Liste der gefährdeten Arten wächst unaufhaltsam. Mittlerweile ist etwa ein Viertel aller Säugetiere und fast die Hälfte der Amphibien vom Aussterben bedroht. Die Gründe: Lebensraumverlust, Umweltverschmutzung, Überjagung – kurz: der Mensch.

Damit sind wir die einzige Spezies der Erdgeschichte, die sogar Supervulkanen und Meteoriten Konkurrenz macht, was ihren Einfluss auf den Planeten anbelangt. Doch wir sind auch die einzige Spezies, die noch etwas gegen das große Artensterben tun kann. Das zeigt sich an einzelnen Erfolgsmomenten: In den letzten zehn Jahren ist etwa die Zahl der Pandabären in China wieder gestiegen. Und auch der Europäische Biber, der einst fast ausgerottet war, ist dank groß angelegten Auswilderungen wieder in fast ganz Europa heimisch. Noch bleibt also Zeit, viele Arten zu retten. Doch sie wird immer knapper.

Das Buch zum Thema.
Tim Flach: „In Gefahr – Bedrohte Tiere im Porträt"

Vor- und Nachwort von **Jonathan Baillie**, Texte von **Sam Wells**; erschienen im Verlag Knesebeck; € 68,– (D) / € 70,– (A), ISBN 978-3-95728-092-3

Driven to win

As Panasonic Jaguar Racing launches its new I-TYPE 4 Formula E race car, we number-crunch the team's 2019 season – its best ever

Infographic Valerio Pellegrini

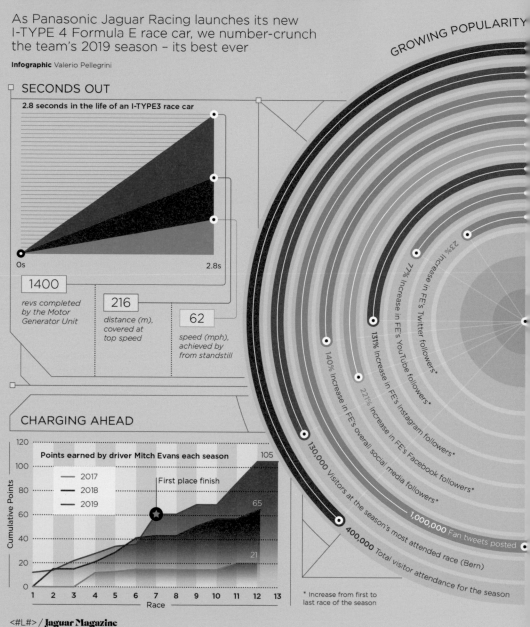

SECONDS OUT

2.8 seconds in the life of an I-TYPE3 race car

Os   2.8s

1400
revs completed by the Motor Generator Unit

216
distance (m), covered at top speed

62
speed (mph), achieved by from standstill

CHARGING AHEAD

Points earned by driver Mitch Evans each season

- 2017
- 2018
- 2019

First place finish

105
65
21

Cumulative Points: 0, 20, 40, 60, 80, 100, 120
Race: 1 2 3 4 5 6 7 8 9 10 11 12 13

GROWING POPULARITY

23% Increase in FE's Twitter followers*

77% Increase in FE's YouTube followers*

131% Increase in FE's Instagram followers*

22% Increase in FE's Facebook followers*

140% Increase in FE's overall social media followers*

130,000 Visitors at the season's most attended race (Bern)

1,000,000 Fan tweets posted

400,000 Total visitor attendance for the season

* Increase from first to last race of the season

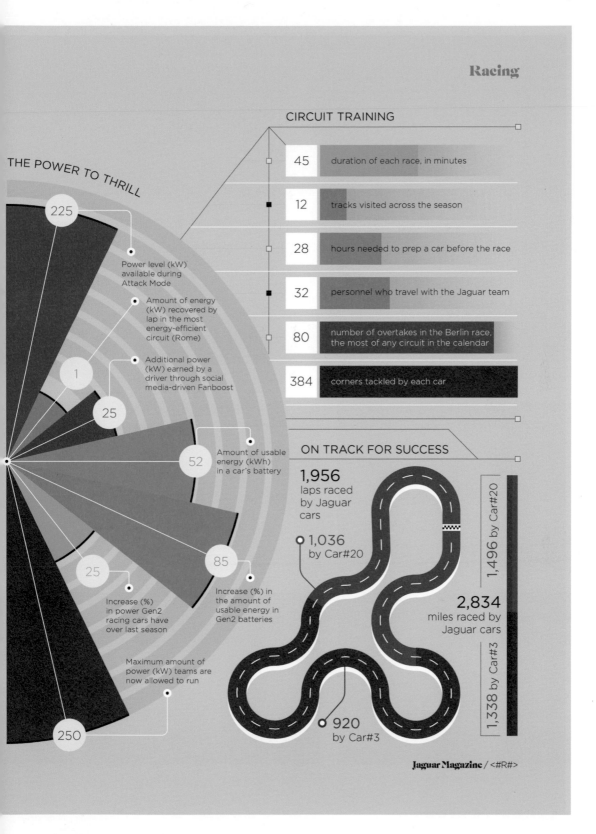

Racing

THE POWER TO THRILL

225 — Power level (kW) available during Attack Mode

1 — Amount of energy (kW) recovered by lap in the most energy-efficient circuit (Rome)

25 — Additional power (kW) earned by a driver through social media-driven Fanboost

52 — Amount of usable energy (kWh) in a car's battery

85 — Increase (%) in the amount of usable energy in Gen2 batteries

25 — Increase (%) in power Gen2 racing cars have over last season

250 — Maximum amount of power (kW) teams are now allowed to run

CIRCUIT TRAINING

45 duration of each race, in minutes

12 tracks visited across the season

28 hours needed to prep a car before the race

32 personnel who travel with the Jaguar team

80 number of overtakes in the Berlin race, the most of any circuit in the calendar

384 corners tackled by each car

ON TRACK FOR SUCCESS

1,956 laps raced by Jaguar cars

1,036 by Car#20

920 by Car#3

1,496 by Car#20

2,834 miles raced by Jaguar cars

1,338 by Car#3

Jaguar Magazine / <#R#>

電動方程賽車（Formula E）參賽隊伍數據

此為英國頂級轎跑車捷豹之顧客雜誌《JAGUAR Magazine》裡刊載的設計作品。以圖形化呈現Panasonic Jaguar Racing車隊新跑車參與電動方程賽事的人氣、速度和賽道等。

Driven to win（求勝的動力）〔汽車製造 Car manufacturing〕
CL：JAGUAR Magazine   D, I, SB：Valerio Pellegrini
CD, DF: Cedar Communications

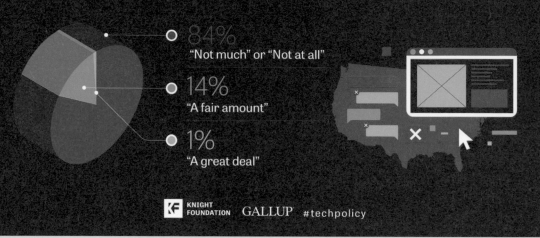

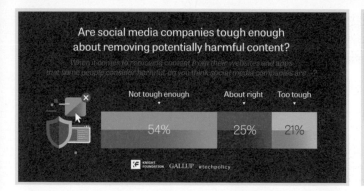

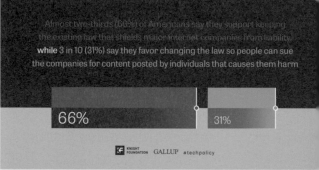

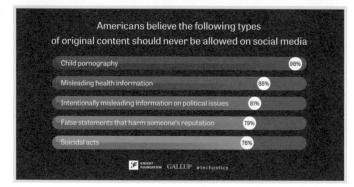

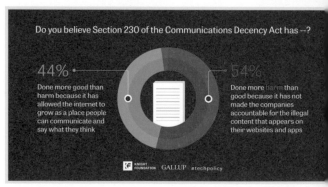

跟網路世界裡表達方式有關的問卷調查結果

此為根據美國慈善團體和行銷公司舉辦對於SNS等網路世界裡表現自由、傷害性言論和內容監控等意識調查結果所繪製的圖表。插圖設計簡單，主要透過顏色來強調數據本身的權威性。

關於網路世界的表現自由、傷害性言論和內容監控
〔慈善團體／行銷公司 Charity／marketing〕
CL：GALLUP／KNIGHT FOUNDATION　　D, I, SB：Valerio Pellegrini

Comprehensive Ranking | 総合ランキング

Numbers in [ ] are ranks and scores from the GPCI-2017 (converted to match the GPCI-2018)
[　]内の数値は GPCI-2017 の順位とスコア（GPCI-2018 に合わせて換算）

City	Rank	Score
London	1	1692.3 [1 (1667.0)]
New York	2	1565.3 [2 (1481.3)]
Tokyo	3	1462.0 [3 (1447.5)]
Paris	4	1393.9 [4 (1370.0)]
Singapore	5	1310.6 [5 (1308.5)]
Amsterdam	6	1265.9 [7 (1207.2)]
Seoul	7	1237.5 [6 (1221.6)]
Berlin	8	1232.2 [8 (1183.7)]
Hong Kong	9	1204.9 [9 (1164.8)]
Sydney	10	1200.7 [10 (1151.9)]
Stockholm	11	1179.2 [16 (1097.7)]
Los Angeles	12	1176.8 [11 (1147.1)]
San Francisco	13	1156.8 [17 (1074.9)]
Toronto	14	1145.0 [19 (1060.3)]
Frankfurt	15	1140.4 [12 (1132.4)]
Zurich	16	1132.9 [18 (1065.2)]
Vienna	17	1125.7 [14 (1117.6)]
Copenhagen	18	1125.5 [20 (1051.5)]
Chicago	19	1101.3 [22 (1042.5)]
Boston	20	1100.1 [25 (1030.7)]
Vancouver	21	1093.3 [28 (1009.3)]
Madrid	22	1088.9 [27 (1010.4)]
Beijing	23	1088.5 [13 (1123.6)]
Barcelona	24	1083.5 [24 (1033.3)]
Brussels	25	1078.0 [21 (1045.5)]
Shanghai	26	1072.0 [15 (1103.6)]
Washington, DC	27	1063.2 [29 (991.9)]
Osaka	28	1055.5 [26 (1024.3)]
Dubai	29	1039.9 [23 (1036.1)]
Geneva	30	999.4 [34 (963.6)]
Milan	31	987.3 [32 (976.0)]
Kuala Lumpur	32	984.9 [31 (982.2)]
Moscow	33	953.9 [35 (916.4)]
Istanbul	34	951.6 [30 (989.6)]
Taipei	35	950.9 [36 (906.2)]
Bangkok	36	915.4 [33 (971.1)]
Fukuoka	37	911.0 [37 (898.5)]
Buenos Aires	38	830.0 [40 (778.1)]
Mexico City	39	825.0 [38 (837.4)]
Sao Paulo	40	808.4 [39 (830.4)]
Jakarta	41	702.0 [41 (721.8)]
Johannesburg	42	668.5 [44 (633.6)]
Mumbai	43	613.5 [42 (712.6)]
Cairo	44	604.9 [43 (645.3)]

Legend
- Economy 経済
- R&D 研究・開発
- Cultural Interaction 文化・交流
- Livability 居住
- Environment 環境
- Accessibility 交通・アクセス

世界都市調查統計

2008年發表之「世界都市綜合力排名」。旨在利用可促進理解的簡單圖表達到一目了然的效果。

世界都市綜合力排名2018年概要版〔財團 Foundation〕
CL, SB：森紀念財團 都市戰略研究所　AD, D：川田 涼　DF：BOOTLEG

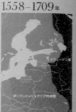

西vs東バトルの最前線
バルト海東岸の波乱万丈史

1918–1940年　　1940–1990年

悲願の三国独立!!　　ソビエト連邦の構成国に……

エストニア人　ラトビア人　リトアニア人

ロシア人などと、
一部エストニア人・
ラトビア人・
リトアニア人の
共産党幹部

エストニア人
ラトビア人
リトアニア人

エストニア　ラトビア　リトアニア　　エストニア・ラトビア　　リトアニア

波羅的海東岸年代勢力圖／波羅的海三國與
周邊國家的關係圖

「波羅的海東岸波瀾萬丈的歷史」用年代別標示波羅的海
三國的支配勢力和金字塔階級排序，力在追求一目了然的設
計。「現代世界和波羅的海三國」則以關係圖的方式呈現與
周邊國家的關係，簡單明瞭。

TRANSIT第47號「波羅的海東岸波瀾萬丈的歷史」
「現代世界和波羅的海三國」
〔編輯製作 Editing & production〕
CL, SB：euphoria factory　AD：尾原史和（BOOTLEG）
DF：BOOTLEG
編輯・撰文：福田香波（TRANSIT編輯部）　P（封面）：田上浩一
編輯（封面）：林 紗代香（TRANSIT編輯部）

世界一ピースフルなデモ
手を繋いだ660kmの道

今から30年前、長きにわたる
ソ連支配から脱出しようとしたバルト三国。
デモとともに暴力的な行動に移ることもあるが、
三国が連動し志易がかで、
独立を勝ち取ったのだった。

Resist in Peace,
The Baltic Way

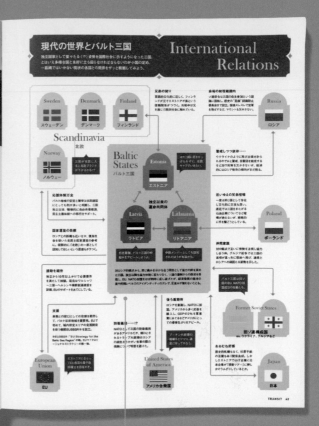

現代の世界とバルト三国
International
Relations

独立国家として愛々たる(?)姿勢を国際社会に示すようになった三国、
という小多強な国と良好に立ち回らなけれはならないの小国の定め。
一筋縄ではいかない現代の各国との関係をザッと観覧してみよう。

兄弟の契り
言語的文化的に近く、フィンランドが兄でエストニアが弟という信頼関係がつづく。冷戦中は兄を通じて西洋社会に触れていた。

余裕の射程範囲内
ソ連併合は三国の自主参加という認識に固執し、歴史の"歪曲"認識防止委員会まで設立。国境スレスレ空軍を飛ばすなど、マウントも欠かさない。

Sweden スウェーデン
Denmark デンマーク
Finland フィンランド
Russia ロシア

Scandinavia 北欧
Norway ノルウェー

三国が北欧に入ると北欧ブランドが下がるかも!?

Baltic States バルト三国
Estonia エストニア

ほか二国に足をひっぱられずに、北欧キャラでいきたい。

警戒しつつ依存……
ウクライナのように再び占領を計られるのではと警戒、自警団を結成するなど対ロ対策を欠かさないが、経済的にはロシア依存の傾向がまだ残る。

応援体制万全
バルト地域の安定と繁栄は北欧諸国にとっても利が多いと判断し、三国独立以来、積極的に自由市場経済、民主主義体制への移行をサポート。

国家運営の目標
ロシアとの距離も近いなか、侵良社会を築いた北欧を国家運営の参考に。国際的に「北欧」の一部として認知してほしいという思惑もチラつく。

独立以来の運命共同体

Latvia ラトビア
Lithuania リトアニア

初志貫徹、バルト三国の枠組みをアピールしよう。
中欧メンバーとしても認知されたほうが有益かも。

近いゆえの兄弟喧嘩
一度は同じ国として存在し文化的に交流も深い。直近では二国をまたがる石油企業についてなど喧嘩が絶えないが、戦略的に手を繋ごうとしている。

仲間意識
対ロ観点で互いに情勢を注視し協力し合う仲。グルジア紛争では三国の首相が真っ先に現地へ飛び、連帯とロシアへの顧固たる姿勢を示した。

European Union EU
United States of America アメリカ合衆国
Former Soviet States 旧ソ連構成国
Japan 日本
Poland ポーランド

TRANSIT A2

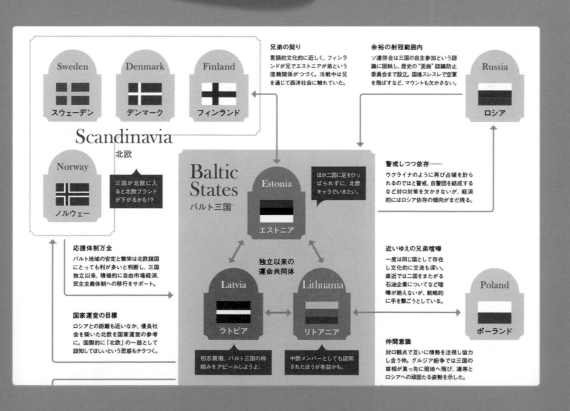

GLOCAL

OS JOGOS OLÍMPICOS SÃO UM ESPELHO DA SOCIEDADE.
A HISTÓRIA DO DESPORTO, INTRINSECAMENTE LIGADA
À DA HUMANIDADE, RELATA OS EPISÓDIOS DAS CONQUISTAS
DE HOMENS E MULHERES NO PÓDIO DA IGUALDADE
ENTRE OS POVOS

Nº DE PAÍSES
PARTICIPANTES NOS JO
RIO 2016

16 / 0 / 6+1 (Rio)
3 / 2
Europa　Ásia　África　Oceânia　América

% MULHERES NAS OLIMPÍADAS

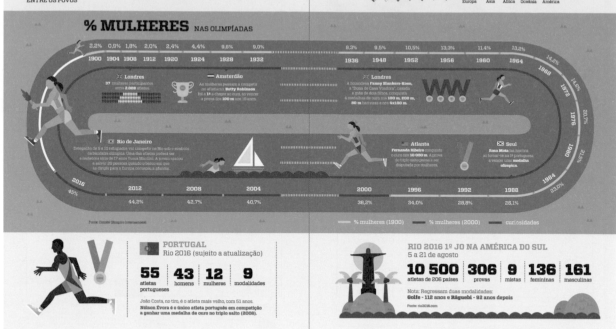

— % mulheres (1900)　— % mulheres (2000)　— curiosidades

PORTUGAL
Rio 2016 (sujeito a atualização)

55 atletas portugueses　43 homens　12 mulheres　9 modalidades

João Costa, no tiro, é o atleta mais velho, com 51 anos.
Nélson Évora é o único atleta português em competição
a ganhar uma medalha de ouro no triplo salto (2008).

RIO 2016 1º JO NA AMÉRICA DO SUL
5 a 21 de agosto

10 500 atletas de 206 países　306 provas　9 mistas　136 femininas　161 masculinas

Nota: Regressam duas modalidades:
Golfe - 112 anos e Râguebi - 92 anos depois
Fonte: rio2016.com

奧運

GLOCAL

COM AS CONDIÇÕES DE VIDA DOS PORTUGUESES AGRAVADAS
DESDE O INÍCIO DA CRISE INTERNACIONAL, AS INSTITUIÇÕES
DE SOLIDARIEDADE FORAM, PARA MUITAS FAMÍLIAS, UM
PORTO DE ABRIGO DURANTE OS ANOS MAIS DIFÍCEIS.
O AUMENTO DE SOLICITAÇÕES DE APOIO FOI UMA REALIDADE,
UM DESAFIO, GRAÇAS À CRIATIVIDADE E RESILIÊNCIA DA
SOCIEDADE CIVIL E DA ECONOMIA SOCIAL

Resposta das Instituições de Solidariedade

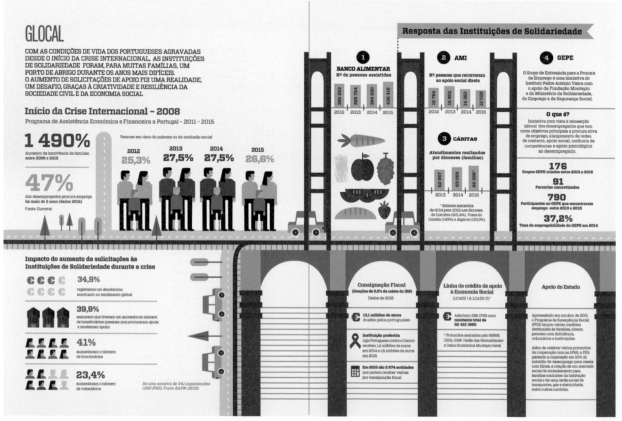

Início da Crise Internacional – 2008
Programa de Assistência Económica e Financeira a Portugal - 2011 - 2015

1 490%
Aumento da insolvência de famílias
entre 2008 e 2013

47%
dos desempregados procura emprego
há mais de 2 anos (dados 2016)
Fonte: Eurostat

Pessoas em risco de pobreza ou de exclusão social
2012 25,3%　2013 27,5%　2014 27,5%　2015 26,6%

**Impacto do aumento de solicitações às
Instituições de Solidariedade durante a crise**

34,9% registaram um decréscimo acentuado no rendimento global

39,9% assumem que tiveram um aumento no número de beneficiários (pessoas que procuraram ajuda e receberam apoio)

41% aumentaram o número de funcionários

23,4% aumentaram o número de voluntários

De uma amostra de 341 organizações
(280 IPSS). Fonte: EAPN (2015)

2008 年以後世界金融危機の影響

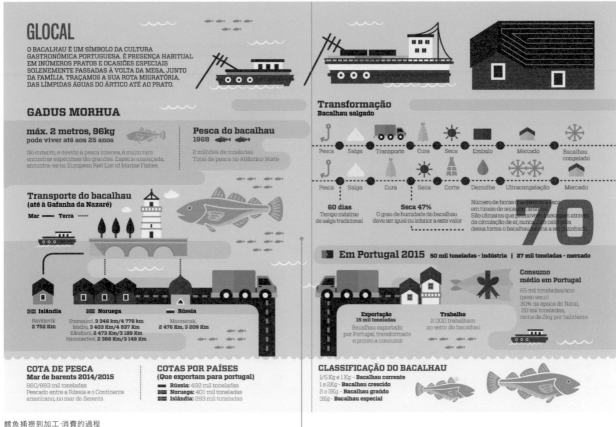

GLOCAL

O BACALHAU É UM SÍMBOLO DA CULTURA GASTRONÓMICA PORTUGUESA. É PRESENÇA HABITUAL EM INÚMEROS PRATOS E OCASIÕES ESPECIAIS SOLENEMENTE PASSADAS À VOLTA DA MESA, JUNTO DA FAMÍLIA. TRAÇAMOS A SUA ROTA MIGRATÓRIA, DAS LÍMPIDAS ÁGUAS DO ÁRTICO ATÉ AO PRATO.

GADUS MORHUA

máx. 2 metros, 96kg
pode viver até aos 25 anos

No entanto, e devido à pesca intensa, é muito raro encontrar espécimes tão grandes. Espécie ameaçada, encontra-se na European Red List of Marine Fishes.

Pesca do bacalhau
1968

2 milhões de toneladas
Total de pesca no Atlântico Norte

Transporte do bacalhau
(até à Gafanha da Nazaré)

Mar — Terra —

Islândia
Reykjavik
2 752 Km

Noruega
Stamsund, 3 346 km/4 776 km
Melbu, 3 403 Km/4 837 Km
Båtsfjord, 2 473 Km/3 189 Km
Hammerfest, 2 368 Km/3 149 Km

Rússia
Murmansk,
2 476 Km, 3 209 Km

COTA DE PESCA
Mar de barents 2014/2015

960/893 mil toneladas
Pescado entre a Rússia e o Continente americano, no mar de Barents

COTAS POR PAÍSES
(Que exportam para portugal)

Rússia: 492 mil toneladas
Noruega: 401 mil toneladas
Islândia: 293 mil toneladas

Transformação
Bacalhau salgado

Pesca · Salga · Transporte · Cura · Seca · Embalo · Mercado · Bacalhau congelado

Pesca · Salga · Cura · Seca · Corte · Demolhe · Ultracongelação · Mercado

60 dias
Tempo máximo de salga tradicional

Seca 47%
O grau de humidade do bacalhau deve ser igual ou inferior a este valor

Número de horas que demora a seca em túneis de secagem artificial. São câmaras que promovem a secagem através da circulação de ar, nunca com calor pois dessa forma o bacalhau estaria a ser cozinhado

Em Portugal 2015 50 mil toneladas - indústria | 27 mil toneladas - mercado

Exportação
15 mil toneladas

Bacalhau exportado por Portugal, transformado e pronto a consumir

Trabalho
2 000 trabalham no setor do bacalhau

Consumo médio em Portugal
65 mil toneladas/ano (peso seco)
30% na época do Natal, 20 mil toneladas, cerca de 2kg por habitante

CLASSIFICAÇÃO DO BACALHAU

1/5 Kg e 1 Kg - Bacalhau corrente
1 e 2Kg - Bacalhau crescido
2 e 3Kg - Bacalhau graúdo
3Kg - Bacalhau especial

鱈魚捕撈到加工·消費的過程

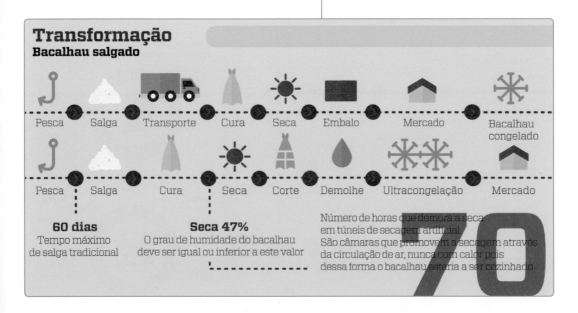

Transformação
Bacalhau salgado

Pesca · Salga · Transporte · Cura · Seca · Embalo · Mercado · Bacalhau congelado

Pesca · Salga · Cura · Seca · Corte · Demolhe · Ultracongelação · Mercado

60 dias
Tempo máximo de salga tradicional

Seca 47%
O grau de humidade do bacalhau deve ser igual ou inferior a este valor

Número de horas que demora a seca em túneis de secagem artificial. São câmaras que promovem a secagem através da circulação de ar, nunca com calor pois dessa forma o bacalhau estaria a ser cozinhado

70

以全球性問題為主題的資訊圖表

此為葡萄牙某銀行發行的雜誌《Montepio》裡刊載的作品。每期均以不同的全球問題為主題，利用親切易懂的圖示達到視覺化傳達內容的效果。

Glocal Infographics, Montepio Magazine, 2017-2018
（行銷公司 Marketing）
CL：Plot Content Agency　CD：Inês Reis　總編：Miguel Silva　Editor：Carlos Martinho
D：Rita Barata Feyo　I, SB：Natasha Hellegouarch　DF：Plot Content Agency

GLOCAL

A MAIS VELHA ALIANÇA DO MUNDO, ENTRE PORTUGAL E O REINO UNIDO, CAMINHA
PARA OS 650 ANOS. AGORA, ELA PASSA POR MAIS UM DESAFIO COMPLEXO: O BREXIT.
EM CAUSA ESTÁ A EVENTUAL DIMINUIÇÃO DAS EXPORTAÇÕES DE EMPRESAS
NACIONAIS E REDUÇÃO DE TURISTAS BRITÂNICOS NO NOSSO PAÍS.
CONHEÇA A DEPENDÊNCIA PORTUGUESA DO REINO UNIDO.

A MAIS VELHA ALIANÇA DO MUNDO

1. **1373** – É assinado o Tratado Anglo-Português, em plena Idade Média
2. **1386** – D. João I e Ricardo II renovaram a Aliança Anglo-Portuguesa no Tratado de Windsor
3. **1661** – No Tratado de Paz e Aliança fica acordado o casamento de Carlos II de Inglaterra com D. Catarina de Bragança
4. **1703** – O Tratado de Methuen deu entrada aos lanifícios ingleses em Portugal e redução das tarifas impostas aos vinhos portugueses em Inglaterra

5. **1807** – Portugal recusa aderir ao Bloqueio Continental, preferindo ficar do lado britânico, e sofre, como consequência, as invasões napoleónicas
6. **1890** – O Ultimato Britânico exige que Portugal retire as forças militares no território entre Moçambique e Angola
7. **1914** – A pedido do Reino Unido, Portugal retira todos os navios alemães dos seus portos, em plena Primeira Guerra Mundial
8. **1939** – Durante a Segunda Guerra Mundial, a aliança foi invocada para estabelecer bases navais nos Açores, apesar da neutralidade portuguesa no conflito

葡萄牙與英國的同盟關係

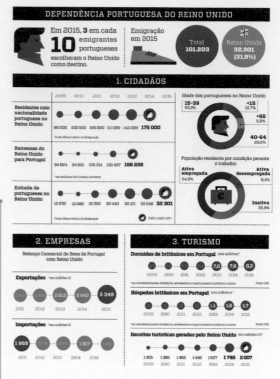

DEPENDÊNCIA PORTUGUESA DO REINO UNIDO

Em 2015, **3** em cada **10** emigrantes portugueses escolheram o Reino Unido como destino.

Emigração em 2015

Total **101.203**

Reino Unido **32.301 (31,9%)**

1. CIDADÃOS

	2009	2010	2011	2012	2013	2014	2015
Residentes com nacionalidade portuguesa no Reino Unido	95 000	102 000	105 000	111 000	143 000	**175 000**	
Remessas do Reino Unido para Portugal	94 824	94 621	105 314	130 487	**156 226**		
Entrada de portugueses no Reino Unido	12 230	12 080	16 350	20 443	30 121	30 546	**32 301**

Fonte: Observatório da Emigração
*em milhares de € preços correntes
Fonte: Observatório da Emigração
Valor mais alto

Idade dos portugueses no Reino Unido
- 15-39 52,2%
- <15 12,7%
- +65 5,6%
- 40-64 29,5%

População residente por condição perante o trabalho
- Ativa empregada 54,9%
- Ativa desempregada 6,4%
- Inativa 35,8%

2. EMPRESAS

Balança Comercial de Bens de Portugal com Reino Unido

Exportações *em milhões €

2011	2012	2013	2014	2015
		2 612	2 943	3 349

Importações *em milhões €

2011	2012	2013	2014	2015
1 969			1 817	

3. TURISMO

Dormidas de britânicos em Portugal (em milhões*)

2009	2010	2011	2012	2013	2014	2015
				7,0	7,8	8,3

*em estabelecimentos hoteleiros, alojamentos e apartamentos turísticos e outros Fonte: INE

Hóspedes britânicos em Portugal (em milhões*)

2009	2010	2011	2012	2013	2014	2015
				1,4	1,6	1,7

*em estabelecimentos hoteleiros, alojamentos e apartamentos turísticos e outros Fonte: INE

Receitas turísticas geradas pelo Reino Unido (em milhões €)*

2009	2010	2011	2012	2013	2014	2015
1 305	1 386	1 462	1 446	1 507	1 748	**2 007**

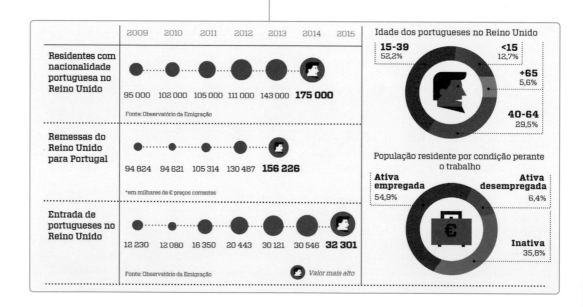

	2009	2010	2011	2012	2013	2014	2015
Residentes com nacionalidade portuguesa no Reino Unido	95 000	102 000	105 000	111 000	143 000	**175 000**	
Remessas do Reino Unido para Portugal	94 824	94 621	105 314	130 487	**156 226**		
Entrada de portugueses no Reino Unido	12 230	12 080	16 350	20 443	30 121	30 546	**32 301**

Fonte: Observatório da Emigração
*em milhares de € preços correntes
Fonte: Observatório da Emigração
Valor mais alto

Idade dos portugueses no Reino Unido
- 15-39 52,2%
- <15 12,7%
- +65 5,6%
- 40-64 29,5%

População residente por condição perante o trabalho
- Ativa empregada 54,9%
- Ativa desempregada 6,4%
- Inativa 35,8%

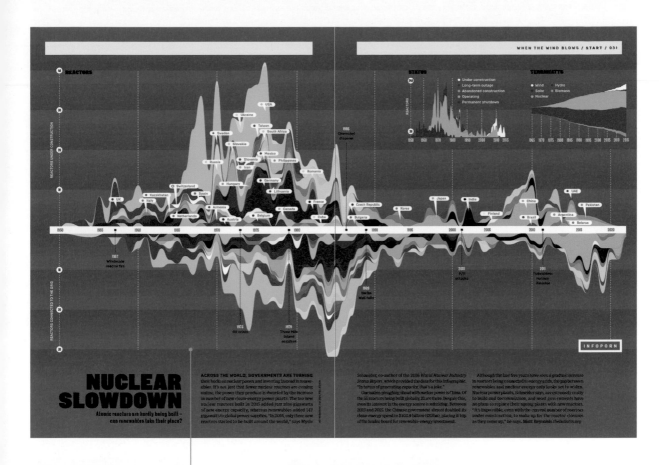

NUCLEAR SLOWDOWN

Atomic reactors are hardly being built – can renewables take their place?

ACROSS THE WORLD, GOVERNMENTS ARE TURNING their backs on nuclear power and investing instead in renewables. It's not just that fewer nuclear reactors are coming online, the power they produce is dwarfed by the increase in number of new clean-energy power plants. The two new nuclear reactors built in 2015 added just nine gigawatts of new energy capacity, whereas renewables added 147 gigawatts to global power supplies. "In 2016, only three new reactors started to be built around the world," says Mycle Schneider, co-author of the 2016 World Nuclear Industry Status Report, which provided the data for this infographic. "In terms of generating capacity, that's a joke."

One nation ploughing ahead with nuclear power is China. Of the 58 reactors being built globally, 21 are there. Despite this, even its interest in the energy source is subsiding. Between 2013 and 2015, the Chinese governments' almost doubled its clean-energy spend to $102.9 billion (£82bn), placing it top of the leader board for renewable-energy investment.

Although the last five years have seen a gradual increase in reactors being connected to energy grids, the gap between renewables and nuclear energy only looks set to widen. Nuclear power plants, Schneider says, are extremely costly to build and decommission, and most governments have no plans to replace their ageing plants with new reactors. "It's impossible, even with the current number of reactors under construction, to make up for the reactor closures as they come up," he says. Matt Reynolds thedailfleln.org

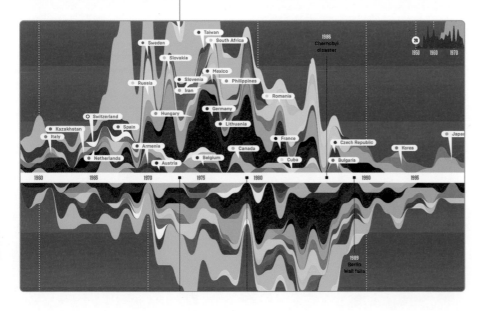

各國核子反應爐的使用狀況

為雜誌《WIRED UK》設計的作品。圖形化呈現1950年到2020年為止各國核子反應爐的使用狀況。以橫軸的年代為分隔,其上為核子反應爐的數量、其下為送電量,再以顏色區分國別。

核能發電減產 (出版社 Publishing)
CL, CD:Wired UK   AD:Phill Fields   D, I, SB:Valerio Pellegrini

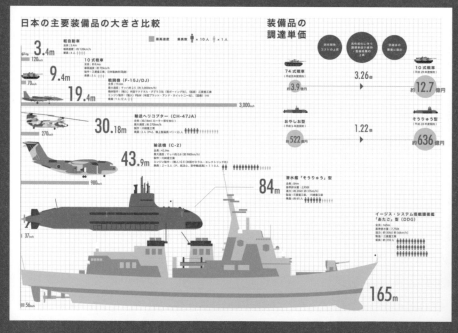

日本防衛省※・自衛隊相關數據圖示

該作品把跟防衛省・自衛隊有關的組織與活動內容與數字加以可視化，好讓男女老幼的民眾能從各種側面加深對該組織的了解。

從數字看防衛省・自衛隊簡冊（平成31年3月改訂版）
（政府機關 Government ministry）
CL, SB：防衛省

※相當於台灣的國防部。

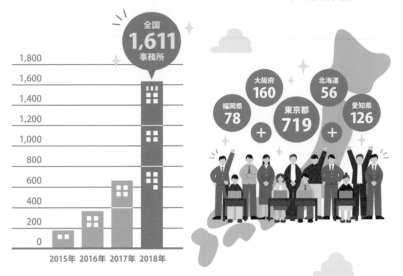

日本各地の会計事務所1,611所が導入

※2018年12月末日時点

全国
1,611
事務所

大阪府 **160**
北海道 **56**
福岡県 **78** +
東京都 **719** +
愛知県 **126**

1,800 / 1,600 / 1,400 / 1,200 / 1,000 / 800 / 600 / 400 / 200 / 0

2015年 2016年 2017年 2018年

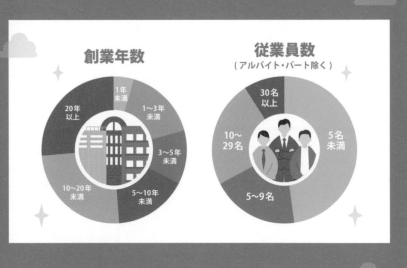

新規の独立事務所から老舗まで幅広く利用

※顧客アンケートによる自社調べ

創業年数

1年未満 / 1〜3年未満 / 3〜5年未満 / 5〜10年未満 / 10〜20年未満 / 20年以上

従業員数
（アルバイト・パート除く）

30名以上 / 10〜29名 / 5〜9名 / 5名未満

雲端會計記帳服務相關統計數據

利用簡明的視覺化圖示，滿足會計事務所員工瀏覽時的需求，同時融入雲端
服務的創新與童心設計，呈現幽默風格。

雲端會計記帳服務 STREAMED「用數據追查的STREAMED」
（資訊服務 Information service）
CL, SB：KLAVIS　CD：菅藤達也　AD：光村拓也

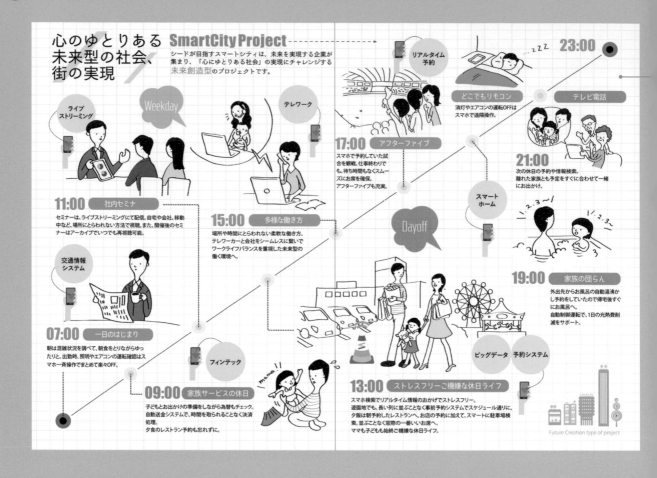

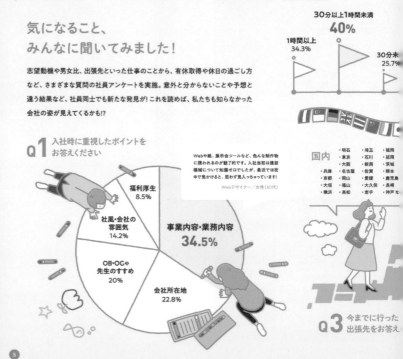

員工問卷調查圖示

以社會新鮮人為對象的員工招募簡介。封面採用可自由組合的等角投影插圖設計，傳達出學生積極涉獵各種領域的姿態，並以直覺性的視覺設計來表達問卷調查結果。

員工招募簡介
（ 建設機械製造/ 資訊服務
Construction machinery manufacturing / information service）
CL：Kobelco Construction Machinery Engineering　CD, AD,
D：吉川富美子
D, I：野村朱里　CW：加藤祐子　P：西田英俊
SB：中本本店 LIGHTS LAB

未來社會形態的時間流程圖

專為企業發表會製作的未來想像圖。以時間為軸，搭配文字描述在不久的將來，每天從起床到就寢的活動，並區分平日和假日，便於使用者了解。

Smart City Project（資訊服務 Information service）
CL：seed　CD, CW：幅 健實　D：水坪一惠　I：渡邊真智子
SB：Arsène

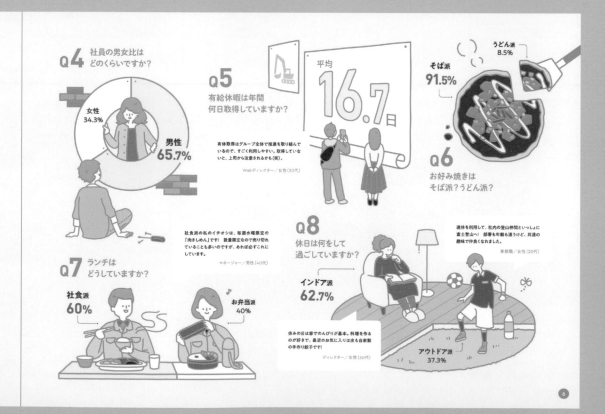

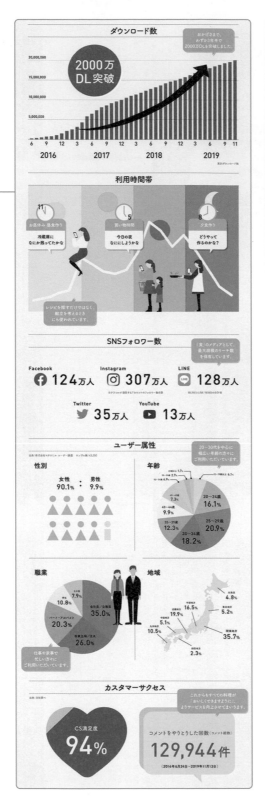

APP使用者統計數據

以kurashiru※的概念和形象做為設計基礎，用暖色調插畫和用色展現「APP下載人次與成長」這種容易讓人感覺生硬的數據，達到平易近人的效果。

從數據了解kurashiru（資訊服務 Information service）

CL, SB：dely　CD, D, I：橋本彩花　企畫：福丸 玲

※2016年成立於日本，以影片方式介紹食譜的料理網站。

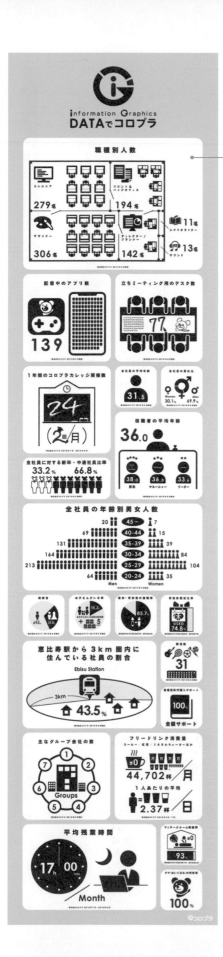

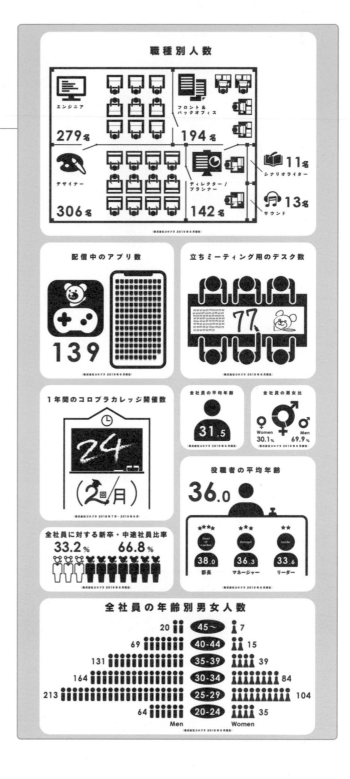

解答應徵者問題的員工實態統計數據

在網站上以圖形化方式介紹社會新鮮人和中途轉職者在面試時「經常問及的問題」。大量應用象形圖示來表達從男女員工比例到COLOPL公司特有之員工福利等所有求職者想要知道的內容。

從數據了解COLOPL的○○2019 （視覺化圖示）
（手機遊戲服務開發・營運 Mobile game &Service development / operation ）
CL, SB：COLOPL
©COLOPL, Inc.

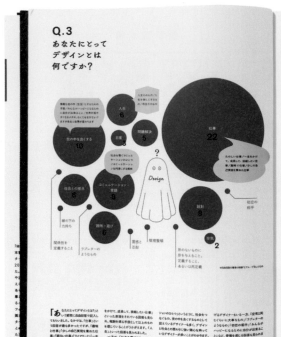

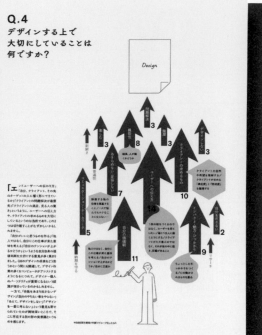

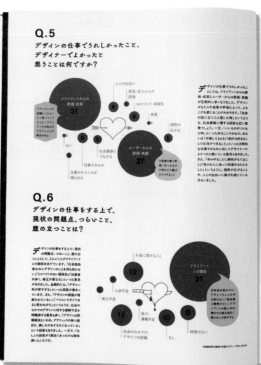

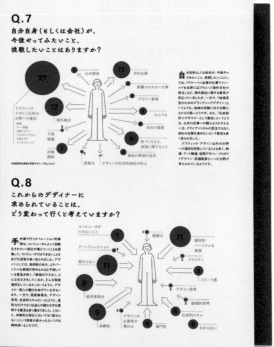

設計師問卷調查結果

《Designers file》（設計師檔案）卷頭特輯採用的圖形設計，傳達了設計師問卷調查結果。利用跟封面主色連動的紅色突顯設計效果，簡潔又不失幽默和流行感受。

MdN Designers file 2018（出版社 Publishing）
CL：MdN Corporation　AD, D：濱名信次　SB：Beach

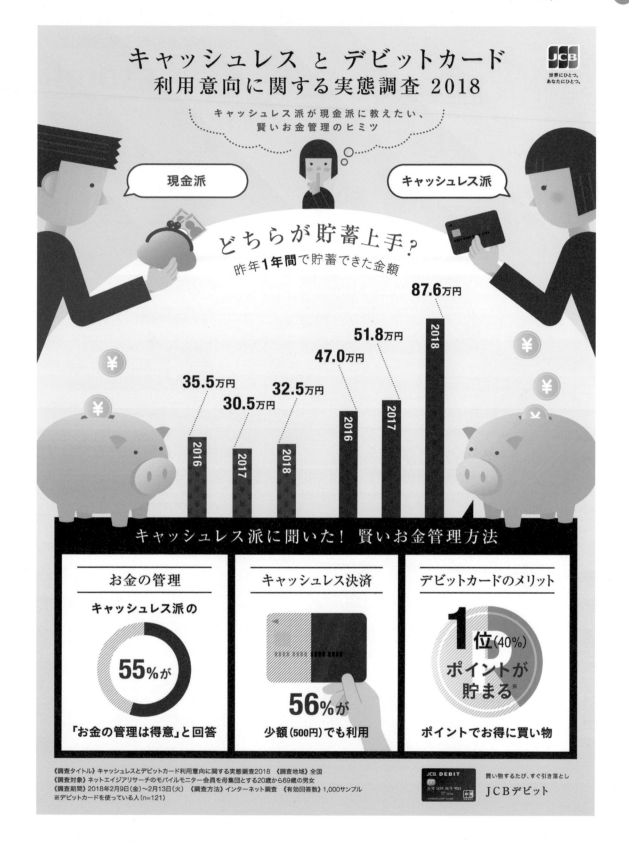

現金派和非現金派實態調查

本作品將過去3年的問卷調查結果做視覺化呈現。以橫向並列的方式呈現「現金派」和「非現金派」兩種消費者儲蓄金額的推移情況，設計簡單又能直覺性傳達非現金派聰明管理金錢的要點。

非現金消費和簽帳金融卡使用意願實態調查2018
（ 信用卡公司 Credit card company ）
CL：JCB　D：若井夏澄　DF, SB：econte

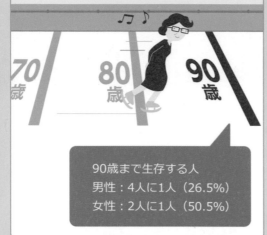

女性の半数は 90歳を迎える

個人年金保険

90歳まで生存する人
男性：4人に1人（26.5%）
女性：2人に1人（50.5%）

80歳以上の年間医療費は

一人当たりの医療費 　約100万円

（万円）　0　25　50　75　100

- 20歳代
- 30歳代
- 40歳代
- 50歳代
- 60歳代
- 70歳代
- 80歳以上

99万1,958円

老後、「年金のみ」世帯が 半数以上

51.1%

6割未満

6割以上

8割以上

年金のみ

所得の何割が公的年金？

高校入学から 大学卒業までに 953万円必要！！

716.0万円

237.4万円

高校3年間

大学4年間

情報はすべて2020年6月現在のものです。

跟保險有關的數字

為了讓人從統計中具體了解保險的必要性和金額，採用一眼就能看懂的標題和視覺性設計，並讓人感受到故事性。

保險統計數據（保險代理公司 Insurance agency）
CL, SB：Advance Create　CD：菊地 崇　D：小山智子 / 松宮敬治

名古屋料理矩陣圖

本作品為用來提升「名古屋料理」知名度和話題性的工具。在表徵名古屋的
金色格子模樣為背景的矩陣圖裡，橫軸代表歷史，縱軸表示口味的清淡濃厚，
讓人一眼就能看出「名古屋料理」種類豐富和歷史淵遠的一面。

JAPAGRA網站「名古屋料理矩陣圖」（公關公司 Public relations agency）（A）/
名古屋料理伴手禮宣傳（[地方議會 Local Council]（B）
CL：名古屋料理普及促進協議會　CD, AD, D：阿曾龍司　I：秋元操
CW：Wes Abbott / Chise Abbott　DF, SB：SOZOS

A

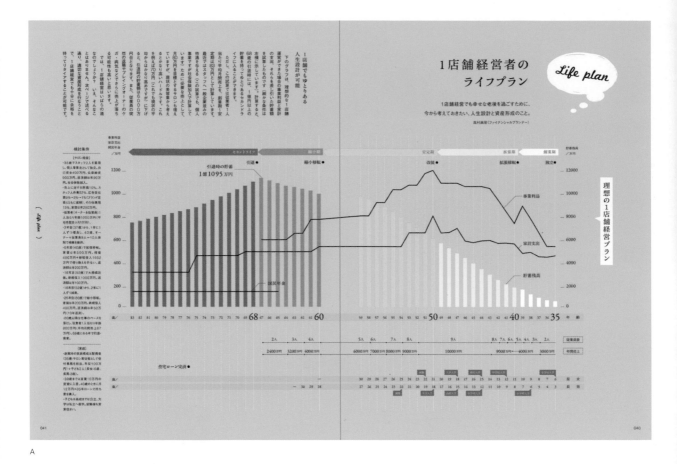

1店舗経営者のライフプラン

Life plan

1店舗経営でも幸せな老後を過ごすために、今から考えておきたい、人生設計と資産形成のこと。

高村眞栄（ファイナンシャルプランナー）

理想の1店舗経営プラン

B

出店・移転への難易度は...

「距離」と「コンセプト」次第

出店・移転を決断するとき

出店や移転を成功させるために、経営者として取り組むべきことをスケジュールとともに解説する。

解説／森川史朗・西江圭介（タカラベルモント（株））

出店・移転、あなたはできる？ Check!

拡大へGO!

森川史朗・西江圭介

もりかわ・しろう、にしえ・けいすけ

タカラベルモント（株）理美容事業部開発室。

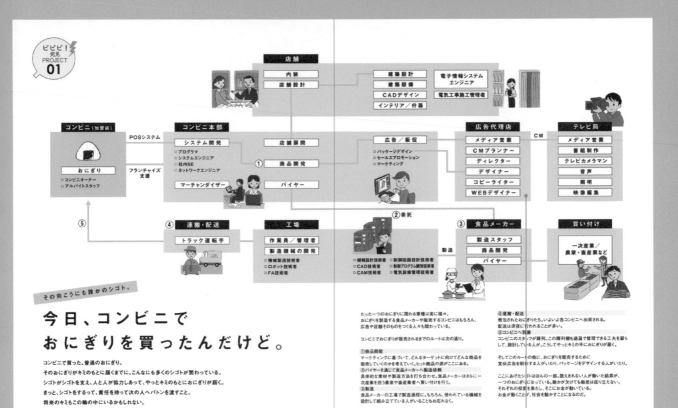

その向こうにも誰かのシゴト。

今日、コンビニで
おにぎりを買ったんだけど。

コンビニで買った、普通のおにぎり。
そのおにぎりがキミのもとに届くまでに、こんなにも多くのシゴトが関わっている。
シゴトがシゴトを支え、人と人が協力しあって、やっとキミのもとにおにぎりが届く。
きっと、シゴトをするって、責任を持って次の人へバトンを渡すこと。
将来のキミもこの輪の中にいるかもしれない。

たった一つのおにぎりに関わる業種は実に様々。
おにぎりを製造する食品メーカーや販売するコンビニはもちろん、
広告や店舗そのものをつくる人々も関わっている。

コンビニでおにぎりが販売されるまでのルートは次の通り。

①商品開発
マーケティングに基づいて、どんなターゲットに向けてどんな商品を
販売していくのかを考えていく。ヒット商品の源がここにある。
②バイヤーによって食品メーカーへ製造依頼
具体的な素材や製造方法を打ち合わせ、食品メーカーはさらに一
次産業や漁業や畜産業へ買い付けを行う。
③製造
食品メーカーの工場で製造過程にも、もちろん、使われている機械を
設計して組み立てている人がいることもお忘れなく。

④運搬・配送
梱包されたおにぎりたち、いよいよ各コンビニへ出荷される。
配送は深夜に行われることが多い。
⑤コンビニへ到着
コンビニのスタッフが陳列。この陳列棚も温度で管理できる工夫を凝ら
して、設計している人が、こうしてやっとキミの手におにぎりが届く。

そしてこのルートの他にも、おにぎりを販売するために
宣伝広告を制作する人がいたり、パッケージをデザインする人がいたり。

ここにあげたシゴトはほんの一部、数えきれない人が働いた結果が、
一つのおにぎりになっている。誰かが欠けても販売は成り立たない。
それぞれの役割を果たし、そこにお金が動いている。
お金が動くことが、社会を動かすことになるのだ。

5　　　　　　　　　　　　　　　　　　　　　　　　　　　　　　　　　　　　6

便利商店的御飯糰從開發到上架的流程

該作品主要做為對外宣傳工具，說明擁有多家專門學校的學校法人的規模效益，以及自家畢業生在不同業界人才輩出的事實。為了讓中學生和高中生了解、產生興趣，利用便利商店御飯糰介紹各行各業職務的存在。

電波學園簡冊
〔 學校法人 Incorporated educational corporation 〕
CL：電波學園　CD：竹本 俊　AD：酒井志野　D：酒井志野
P：ARAKI Shin／MIZOGUCHI Jun　CW：立花知子 / 岩本晉志　I：山本美香
SB：MONOLITH Japan

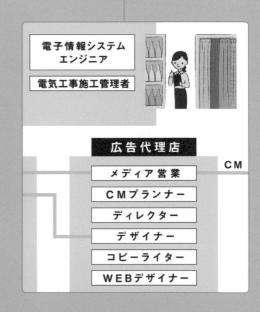

←P052

店鋪經營者的人生規劃圖／美容沙龍開店・移轉的難易度圖表

以美容沙龍經營者為導向的雜誌內頁，在用色和線條上下功夫，軟性表達艱澀難懂的數字和圖形，封面也符合美容雜誌的調性做出時尚感。

美容經營計畫（2018年5月號 / 2019年4月號）〔 出版社 Publishing 〕
CL, SB：JOSEI MODE SHA　AD, D, DF：氏Design
I：〔2018年5月號〕ISHII HIROYUKI / 〔2019年4月號〕SANDER STUDIO

A

B

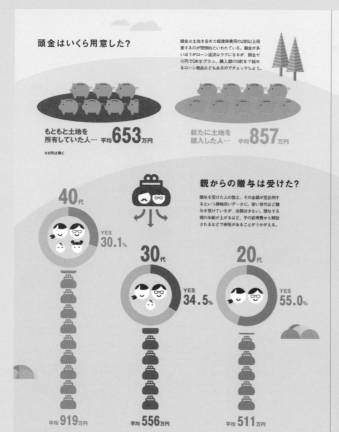

一眼就能看懂的房屋建造成本

根據356名有自蓋房屋經驗的前輩之問卷調查結果，簡單
整理出讀者想知道關於建造房屋所需的費用重點。明亮
的色彩和插圖讓艱澀的內容變得平易近人。

月刊 HOUSING 2017 年 4 月號
（ 人材派遣・促銷服務 Staff / sales promotion services ）
CL：Recruit　AD, D：館森則之（ module ）
視覺化圖示,, SB：久保沙織

就讀大學後的發展設計藍圖

以大學學測當前的高中學子為對象的入學考教戰特輯。
試圖利用不同顏色的圖表促進學生對進入大學後各種發
展選擇的了解。

駿台預備校※監製 學習趨勢＆入學考對策 BOOK
（ 資訊服務 Information service ）
CL：N-DRICOM　編輯：今屋理香　AD：關口曉夫（ UnSung ）
D, SB：久保沙織

※預備校即補習班

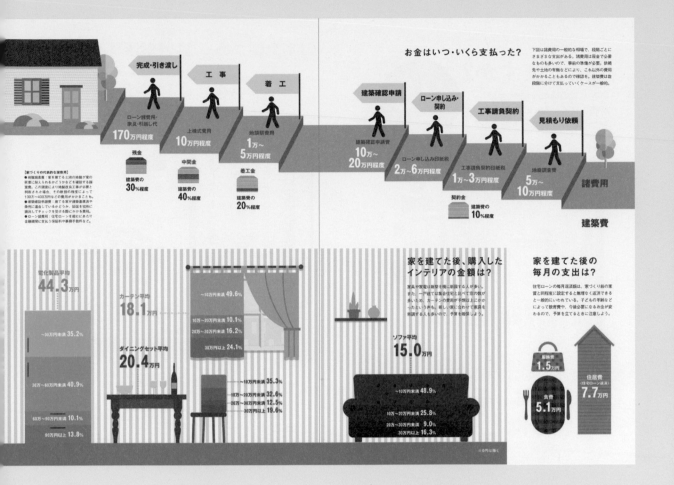

お金はいつ・いくら支払った？

下図は諸費用の一般的な相場で、段階ごとにさまざまな支出がある。諸費用は現金で払うものも多いので、事前の準備が必要。依頼先や土地の有無などによって、これ以外の費用がかかることもあるので確認を。建築費は数段階に分けて支払っていくケースが一般的。

完成・引き渡し
ローン諸費用・家具・引越し代
170万円程度

工事
上棟式費用
10万円程度

着工
地鎮祭費用
1万～5万円程度

建築確認申請
建築確認申請費
10万～20万円程度

ローン申し込み・契約
ローン申し込み印紙税
2万～6万円程度

工事請負契約
工事請負契約印紙税
1万～3万円程度

見積もり依頼
地盤調査費
5万～10万円程度

諸費用

残金
建築費の**30%程度**

中間金
建築費の**40%程度**

着工金
建築費の**20%程度**

契約金
建築費の**10%程度**

建築費

【家づくりの代表的な諸費用】
● 地盤調査費：家を建てる土地の地盤が家の重量に耐えられるかどうかを確認する調査費。この調査により地盤改良工事が必要と判断された場合、その地盤の程度によって100万～400万円などの費用がかかることも。
● 建築確認申請費：建てる家が建築基準法や条例に適合しているかどうか、図面を役所に提出してチェックを受ける際にかかる費用。
● ローン諸費用：住宅ローンを組むにあたり金融機関に支払う保証料や事務手数料など。

電化製品平均
44.3万円

カーテン平均
18.1万円

ダイニングセット平均
20.4万円

家を建てた後、購入したインテリアの金額は？

家具や家電は新築を機に新調する人が多い。また、一戸建ては集合住宅に比べて窓の数が多いため、カーテンの費用が予想以上にかかったという声も。新しい家に合わせて家具を新調する人も多いので、予算を確保しよう。

~10万円未満 **49.6%**
10万~20万円未満 **10.1%**
20万~30万円未満 **16.2%**
30万円以上 **24.1%**

~10万円未満 **35.3%**
10万~20万円未満 **32.6%**
20万~30万円未満 **12.5%**
30万円以上 **19.6%**

~30万円未満 **35.2%**
30万~60万円未満 **40.9%**
60万~90万円未満 **10.1%**
90万円以上 **13.8%**

ソファ平均
15.0万円

~10万円未満 **48.9%**
10万~20万円未満 **25.8%**
20万~30万円未満 **9.0%**
30万円以上 **16.3%**

家を建てた後の毎月の支出は？

住宅ローンの毎月返済額は、家づくり前の家賃と同程度に設定すると無理なく返済できると一般的にいわれている。子どもの年齢などによって教育費や、今後必要になるお金が変わるので、予算を立てるときに注意しよう。

服飾費
1.5万円

住居費
（住宅ローン返済）
7.7万円

食費
5.1万円

※0円は除く

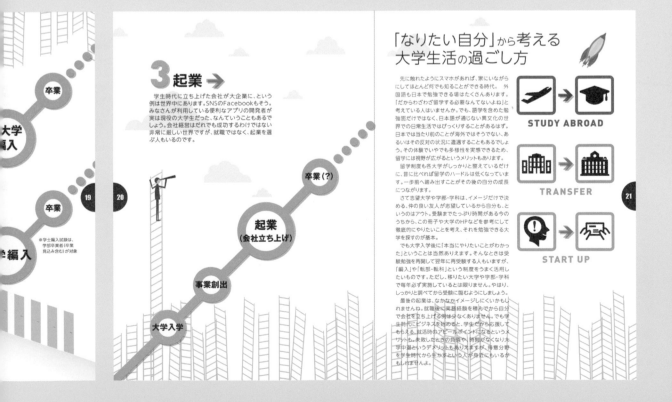

「なりたい自分」から考える大学生活の過ごし方

先に触れたようにスマホがあれば、家にいながらにしてほとんど何でも知ることができる時代。外国語も日本で勉強できる場はたくさんあります。「だからわざわざ留学する必要なんてないよね」と考えている人はいませんか。でも、語学を含めた勉強面だけではなく、日本語が通じない異文化の世界での日常生活ではびっくりすることがあるはず。日本では当たり前のことが海外ではそうでない、あるいはその反対の状況に遭遇することもあるでしょう。その体験でいやでも多様性を実感できるため、留学には視野が広がるというメリットもあります。

留学制度も各大学がしっかりと整えているだけに、昔に比べれば留学のハードルは低くなっています。一歩前へ踏み出すことがその後の自分の成長につながります。

さて志望大学や学部・学科は、イメージだけで決める、仲の良い友人が志望しているから自分も、というのはアウト。受験までたっぷり時間がある今のうちから、この冊子や大学のHPなどを参考にして徹底的にやりたいことを考え、それを勉強できる大学を探すのが基本です。

でも大学入学後に「本当にやりたいことがわかった」ということは当然あります。そんなときは受験勉強を再開して翌年に再受験する人もいますが、「編入」や「転部・転科」という制度をうまく活用したいものです。ただし、移りたい大学や学部・学科で毎年必ず実施しているとは限りません。やはり、しっかりと調べてから受験に臨むようにしましょう。

最後の起業は、なかなかイメージしにくいかもしれません。就職後に実務経験を積んでから自分で会社を立ち上げる例は少なくありません。でも学生時代にビジネスを始めると、学生だから応援してもらえる、就活時のアピールポイントになるというメリットもあ。失敗したときの負担や「将来がなくなる大学中退というデメリットもありますが、得意分野を学生時代から生かすという人が身近にもいるかもしれませんよ。

STUDY ABROAD

TRANSFER

START UP

3 起業 →

学生時代に立ち上げた会社が大企業に、という例は世界中にあります。SNSのFacebookもそう。みなさんが利用している便利なアプリの開発者が実は現役の大学生だった、なんていうこともあるでしょう。会社経営はだれでも成功するわけではない非常に厳しい世界ですが、就職ではなく、起業を選ぶ人もいるのです。

卒業

大学編入

卒業

編入

※学士編入試験は、学部卒業後（卒業見込み含む）が対象

19

20

21

卒業（？）

起業
（会社立ち上げ）

事業創出

大学入学

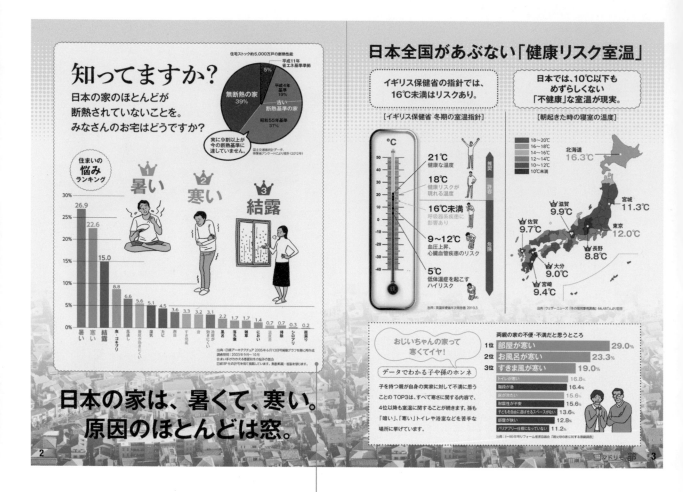

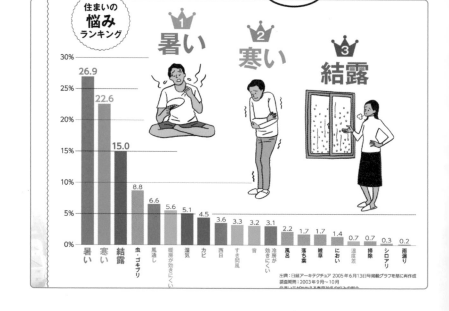

窗戶與生活的相關統計

為了讓人易於理解窗戶裝修的好處，本作品穿插了過去和現代房子、日本與其他國家比較的數據，並用插圖和視覺圖示達到一眼就能看出在健康與費用方面的效果。

簡單窗戶改裝 斷熱窗 商品型錄
（ 住宅設備機器製造・銷售 Housing equipment manufacturing / sales ）
CL, 企畫, SB：YKK AP　AD, D：菊池俊輔　I：manatee　CW：林 正平
DF：Publicity Adventurers

樹脂窓のチカラ

3 心肺停止の危険を防げる

ホカホカの居室と
ヒエヒエの浴室やトイレ、
この落差に血圧は急変動。

樹脂窓で
ヒートショックの危険は抑えられる。

急激な温度変化によって起こる血圧や脈拍の変動はヒートショックと呼ばれ、
浴室における年間死亡者数は交通事故死亡者数の約2.4倍にものぼります。
居室との温度差を解消することで、浴室での事故を未然に抑制することができます。

⚠ 冬の浴室では
心肺停止リスクが急増。

⚠ 夜間のトイレも危険。
布団の中との温度差が
20℃以上になることも。

入浴中の心肺機能停止者数(2011年)

8月に比べ
約11倍に。

トイレ 8℃　廊下 8℃　寝室内 9.9℃　寝具内 30〜33℃

出典：地方独立行政法人 東京都健康長寿医療センター研究所 資料

樹脂窓のチカラ

4 夏涼しく過ごせる

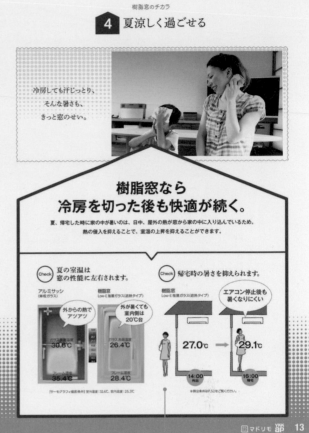

冷房しても汗じっとり、
そんな暑さも、
きっと窓のせい。

樹脂窓なら
冷房を切った後も快適が続く。

夏、帰宅した時に家の中が暑いのは、日中、屋外の熱が窓から家の中に入り込んでいるため。
熱の侵入を抑えることで、室温の上昇を抑えることができます。

Check 夏の室温は
窓の性能に左右されます。

アルミサッシ (単板ガラス)
外からの熱で
アツアツ
ガラス 表面温度 30.8℃
フレーム 表面温度 35.4℃

樹脂窓
Low-E 複層ガラス(遮熱タイプ)
外が暑くても
室内側は
20℃台
ガラス 表面温度 26.4℃
フレーム 表面温度 28.4℃

「サーモグラフィ撮影条件」室外温:32.6℃、室内温:25.3℃

Check 帰宅時の暑さを抑えられます。

樹脂窓
Low-E 複層ガラス(遮熱タイプ)
エアコン停止後も
暑くなりにくい
27.0℃ → 29.1℃
14:00 外出　16:00 帰宅
※禁止条件はP.52をご覧ください。

マドリモ YKK ap

12　13

⚠ 夜間のトイレも危険。
布団の中との温度差が
20℃以上になることも。

トイレ 8℃　廊下 8℃　寝室内 9.9℃

寝具内 30〜33℃

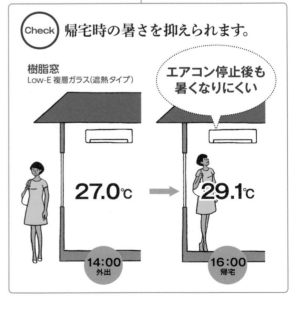

Check 帰宅時の暑さを抑えられます。

樹脂窓
Low-E 複層ガラス(遮熱タイプ)

エアコン停止後も
暑くなりにくい

27.0℃ → 29.1℃

14:00 外出　16:00 帰宅

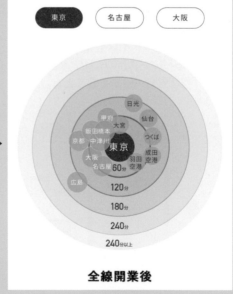

磁浮中央新幹線為日本帶來的變化

從高速鐵路進化歷史介紹未來磁浮中央新幹線開通後的景象。利用視覺化圖示加深磁浮中央新幹線和東海道新幹線帶來的影響之印象，一目了然。

磁浮中央新幹線網站「磁浮中央新幹線和日本的未來」〔鐵路事業 Railway company〕
CL, SB：東海旅客鐵道　AD：石井 彰（博報堂Product's）　網站總監：藤大路園繪（博報堂Product's）
D：早川 峻（HakbeeLanka,inc.）　網頁前端工程師：藤井太一
業務執行, 商業開發, 營業：磯屋純一（博報堂）/ 宗佐俊治（博報堂Product's）

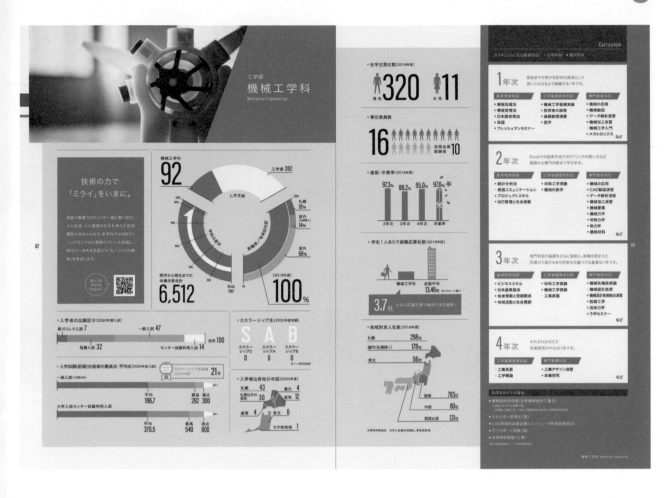

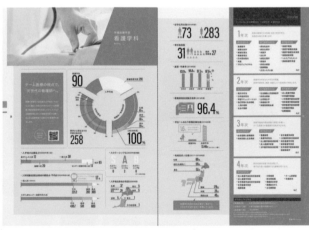

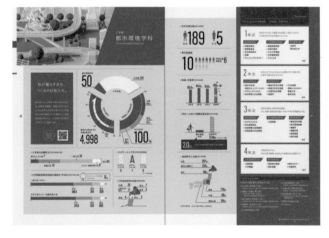

各學院學科在校生與畢業生數據

以考慮升大學的高中生和考生為對象的學科特色簡介。利用相同形式客觀呈
現各學院與學科的數據，佐以顏色變化達到區分的效果。

2021 HUS Total Book 入學案內書（大學 University）
CL：北海道科學大學　製作：Shinken-Ad 北海道分公司　AD：藤原昌弘　DF：OZ
SB：Shinken-Ad

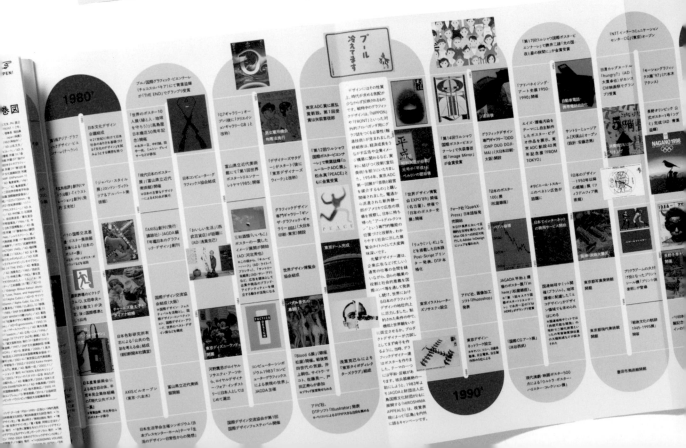

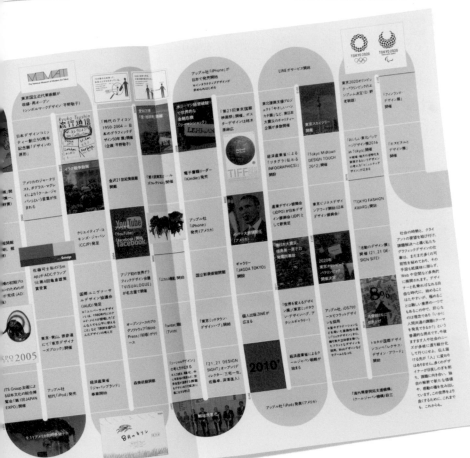

日本設計歷史年表

回顧日本設計史的年表。網羅了戰後到現代的歷史，以特殊的對開頁和蜿蜒曲折的形式設計帶出綿延無盡的軌跡。

MdN Designers file 2018
（出版社 Publishing）
CL：MdN Corporation
AD, D：濱名信次　SB：Beach

一日食塩 **6g** 生活

めざせ減塩！

「栄養成分表示」を見るクセをつけよう！

加工食品や惣菜などは、パッケージ裏の
「栄養成分表示」を見るクセを。
いつも食べているお気に入りの食品が
意外に多くの食塩を含んでいるかもしれません。

栄養成分表示 (1包装当たり)	
エネルギー	181kcal
タンパク質	6.0g
脂質	3.7g
炭水化物	31.0g
食塩相当量	1.1g

ここに注目！

※「食塩相当量」とは、食品中の
ナトリウム量を食塩量に換算した
場合の推定値です。

高血圧予防や降圧のために推奨される食塩量は
「1日6g未満」！…と言われても、そもそも自分が1日に
どのくらいの食塩を摂取しているのか、ピンとこない人も多いはず。
まずは毎日の摂取量を気にしてみることが減塩生活の第一歩。
1日に1gでも減らせたら、1年で365gもの減塩に！
最終的には「6g÷3食＝1食2g」をめざしていきましょう。

身近な食品の食塩量を知ろう！

特に味の濃い外食や、保存のために多くの塩を使う
加工食品には想像以上の食塩が含まれているんです。

しょうゆせんべい **0.8g** (2枚46.8g中)

きゅうりのぬか漬け **1.6g** (5切れ30g中)

塩鮭(甘口) **2.2g** (1切れ80g中)

ごはん **0.0g** (茶碗1杯150g中)

食パン **1.1g** (4枚切り) 1枚90g中

はんぺん **1.5g** (1枚100g中)

梅干し **2.2g** (1個13g中)

LOW

10 ＊「カリウム」は体内の余分なナトリウム(食塩の主成分)の排泄を促すミネラルであることから、積極的に摂取することが勧められます。ただし腎臓病のある方では摂取制限が必要な場合があるため、

朝減塩目標邁進！1天6g的食鹽攝取量生活

專門針對單一主題做報導的免費健康資訊報。在高血壓特輯裡，用日本庭園
造景的枯山水來表現食鹽的存在，並以此為背景，搭配日常接觸的食品與調
味料食鹽含量圖示。

健康圖像雜誌（處方藥局 Pharmacy management）
CL, SB：AISEI藥局　CD：門田伊三男（AISEI藥局）　AD：堂堂 穰（DODO DESIGN）
D：船田彩加（DODO DESIGN）/ 三原麻里子（AISEI藥局）
P：Danny Danks（Arrow Photography）　CW：北島直子（meets publishing）/ 土佐榮樹

HIGH

しょうゆラーメン **7.4g** (1食中)

きつねうどん **5.6g** (1食中)

カップ麺 **4.9g** (1食77g中)

バーガー **4.2g** (1個中)

ロースハム **2.5g** (100g中)

こ **2.3g** (1/2腹50g中)

食塩 6g 生活のコツ

一、外食や加工食品を減らし、旬の生鮮食品を食べよう。

一、汁物は だしを効かせて 一日一杯まで & 具だくさんに。

一、麺類とご飯で迷ったら、ご飯をチョイス。

一、カリウム*豊富な 野菜・きのこ・海藻類を たっぷり食べよう。

一、たれは「かける」より「つける」で調整を。

一、お弁当や定食の 漬物はなるべく控えめに。

一、麺類の スープは全部飲まない ようにしよう。

一、食卓に 調味料を置かない ようにしてみよう。

一、薄味でも、食べ過ぎたら同じ、と心得よう。

主な調味料の 食塩量を知ろう！

(大さじ1に含まれる食塩量)

調理する人は必見！
いつもの調味料に含まれる
食塩量も把握しておきたい点です。
減塩調味料もぜひ活用を。

オイスターソース **2.1g**

しょうゆ(こいくち) **2.6g**

しょうゆ(うすくち) **2.9g**

マヨネーズ **0.2g**

減塩しょうゆ **1.5g**

トマトケチャップ **0.5g**

米みそ(赤) **2.3g**

中濃ソース **1.1g**

ウスターソース **1.5g**

米みそ(白) **1.1g**

【監修】佐々木 彩子

アイセイ薬局 管理栄養士

ってください。 データ出典：女子栄養大学出版部編『塩分早わかり(第4版)』(女子栄養大学出版部、2019)

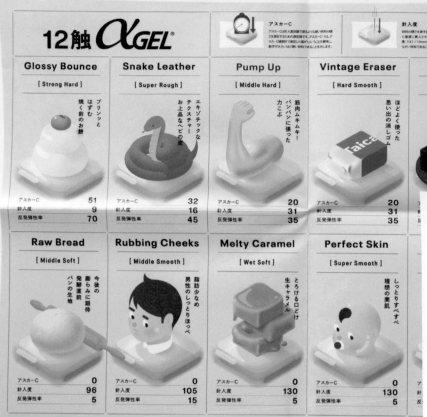

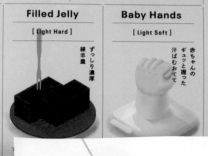

緩衝材的圖表

以觸感為起點，突顯Taica公司開發之緩衝材αGEL的功能，利用插圖和設計表達出12種不同的觸感。

HPATICS OF WONDER 12種觸感的αGEL樣本冊
〔緩衝材、照護・衛福用品、曲面印刷技術相關製造・銷售
Gel materials,nursing care and welfare products,
3D decoration technologies manufacturing / sales〕
CL：Taica　AD, D, I：濱名信次　CD：桑原 季　製作人：小原和也 / 井田幸希　SB：Beach

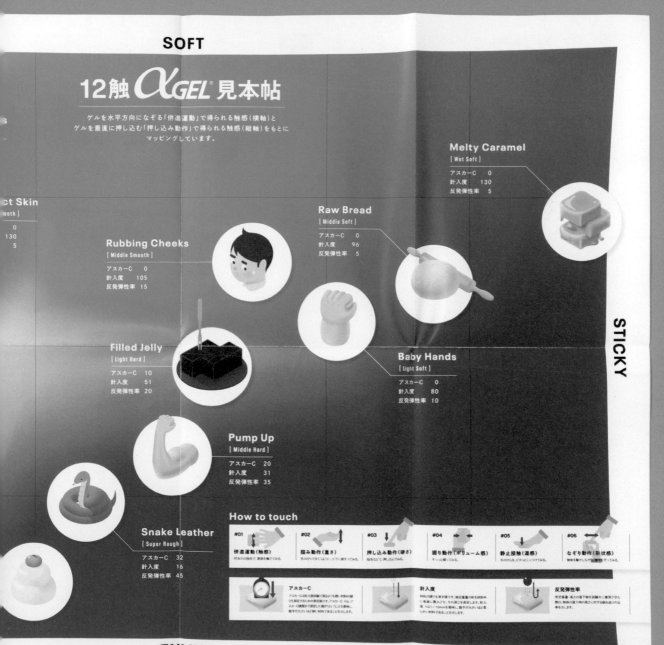

教えてくれたのは……

料理家
井澤由美子さん
季節の素材とその効能を生かした料理が得意。薬膳講師も務め、乳酸菌たっぷりの「青三の乳酸キャベツ」をプロデュース。

フリー編集者
田辺千菊さん
女性誌や旅雑誌など、幅広い分野で活躍。離島ライターとしても活動している。奄美大島のおいしいものパトロール。

フリー編集者
ツレヅレハナコさん
おいしい食べ物とお酒と旅を愛する編集者。幅広いジャンルの媒体で連載を持ち、活躍している。最新著書は『ツレヅレ平の家飲みごはん』（エイ出版）。

OTORIYOSE OUCHIGOHAN 004

おしゃれプレスの実食中継！

週末は「ピリ辛おつまみ」で女子会飲み

ゴクゴクゴク
18:00

食べ始めると止まらない
No.
01

チーズがたっぷり
No.
02

19:30
お先にいただきまーす

No.
03

臭の気がツーン！さっぱりする
No.
04

20:30
チリソースとわさびマヨをMIX

バリボリ感がやみつきに
No.
05

女子会には、お酒が進むおつまみを用意。「ピリ辛おつまみなら、お酒がぐびぐび進む」とのこと間違いなし。食のプロ3名に、お酒と相性のいい"ピリ辛おつまみ"を選んでもらいました。

◯撮影／佐々木健（人物）、石原麻里繪（fort／静岡02_06）
◯イラスト／itabamoe

田辺さん推薦！　05
北海道 石狩市
**ノースマートの
かずつま3Pセット**
ピリッとした数の子に、ソースを付けて味わう新感覚のおつまみ。「高級なイメージがある数の子を手軽に味わえるのも魅力のひとつ。ソースは、わさびマヨ、スイートチリ、チーズの3種類で、全種類楽しめるアソートがおすすめです」（田辺さん）。3箱セット 2,592円（税込み）
ORDER
URL kazuchee.com

井澤さん推薦！　04
静岡県 河津町
**わさび処 市山の
わさびとろろ**
国産の青のりにわさびを和え、更にすりおろした山芋を絡ませたわさびとろろ。そのままでも、トッピングとしてもOK。「食べやすい分量の個包装だから日持ちもするし、冷凍保存できるのも嬉しいです」（井澤さん）。40g×6個 1,080円（税込み）
ORDER
URL wasabi-ichiyama.jp

田辺さん推薦！　03
大阪府 大阪市
**燻製BALPALの
チーズ&オリーブ（サラミピカンテ）**
レッドチリペッパーを効かせたピリ辛のオイルマリネ。ナポリサラミ、2種のチーズ、オリーブが入っていて、お皿に盛るだけでおしゃれな一品に。「そのままもちろん、バゲットにのせて食べるのもお気に入り」。シャンパンやワインとも相性抜群！」（田辺さん）。864円（税込み）
ORDER
☎ 072-441-0371
URL www.balpal.jp

ツレハナさん推薦！　02
熊本県 上天草市
**天草うまかもん市場の
明太チーズ焼蒲鉾**
天草の魚介を使った蒲鉾に、明太子とチーズの合わせ技が炸裂した逸品。「3本入りまで一気に食いしてしまうほどおいしい！ 明太子のピリ辛とチーズがビールによく合います。」（ツレヅレハナコさん）。そのまま食べても、焼いてチーズをとろけさせても◎。3本 540円（税込み）
ORDER
URL umakamonichiba.jp

田辺さん推薦！　01
沖縄県 名護市
**南西食品の
島唐辛子印**
エビ風味のピーナッツ揚げに、沖縄産の島唐辛子パウダーをまぶしたピリ辛スナック。「辛みはよく感じられて、香りもよく、旨辛な味わいがあとを引きます」（田辺さん）。ピーナッツ揚げもサクサクで香ばしく、手が止まらないおいしさです。3袋入り 411円（税込み）
ORDER
URL nansei1959.theshop.jp

週末來場「麻辣下酒菜」的女生聚會

此為時尚雜誌裡介紹女生聚會時適合用來佐酒的「麻辣下酒菜」內容。大量的資訊和照片經巧妙編排後成為簡潔又帶有流行感受的版面設計。

mina 2020 年 9 月號（編輯製作 Editing & production）
CL, SB：KNAX　D：上村未希
P：佐佐木健（SOIL Inc.）／石原麻里繪（fort）　I：itabamoe

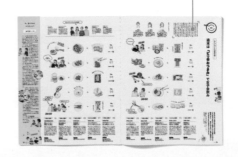

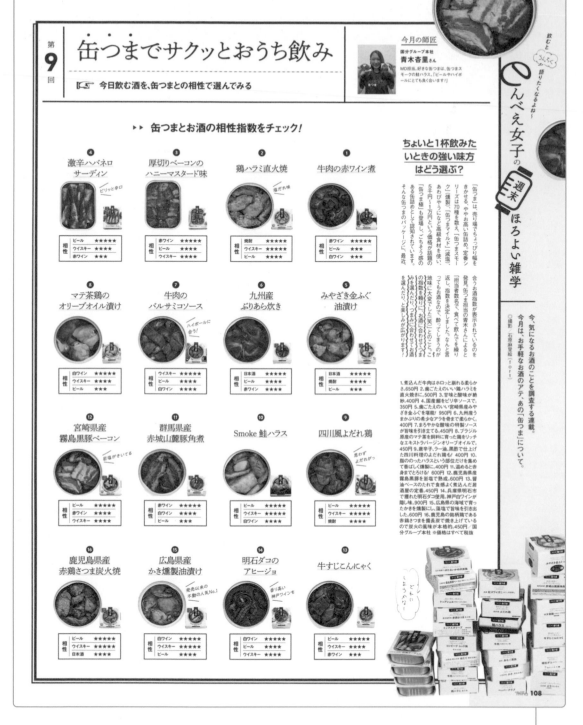

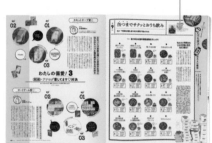

適合在家小酌的罐頭食品

這是時尚雜誌裡介紹適合在家小酌的罐頭食品頁面。除了用俯拍的方式呈現16種整齊排列的罐頭內容物，其適合搭配的酒類也用5階段速配評價來註記。

mina 2020年9月號（編輯製作 Editing & production）
CL, SB：KNAX　D：ma-h gra　P：石原麻里繪（fort）

北 北京料理
都の文化が磨いた格式高さ

元、明、清代の首都だった北京では、モンゴルや満州、イスラームの少数民族の料理が融合し、中国各地の風味を取り入れた繊細な宮廷料理が発達。羊やアヒルなどの肉料理、フカヒレやアワビ、ツバメの巣などの高級料理が特徴。

ベイジンカオヤー
《北京烤鴨》
北京ダック

カオヤンロウチュアン
《烤羊肉串》
羊肉の串焼き

ホアンメンユイチー
《黄焖鱼翅》
フカヒレの黄金煮

北 山東料理
北方料理の母体

山東は早くから文化に開けた土地であり、料理のレベルも高い。ネギやニンニクを多用し、瞬間的に火を通す強火炒めや、煮込み、直火焼きなどが調理の特徴。白湯（バイタン）などのスープ作りや海産品の調理に優れている。

ナイタンバイツァイ
《奶汤白菜》
白菜のクリームスープ

ジュウジュアンダーチャン
《九转大肠》
豚モツ炒め

ザオリュウユイピン
《糟溜鱼片》
白身魚のあんかけ

東 上海料理
外交都市が進めた料理の融合

味が濃く甘味があり、油を多く使う料理を基盤に発達。揚州、蘇州、無錫、四川、広東などの地方料理に加え、外交都市として外国料理の影響も受けている。醤油煮込みの「紅焼」が上海ならではの調理法。

シェンビエンツァオトウ
《生煸草头》
クローバー炒め

コウサンスー
《扣三丝》
3種の具入り冷菜

シァーズダーウシェン
《虾子大乌参》
ナマコの醤油煮

西 四川料理
スパイスから広がる多様性

湿気が多く、汗をかいて体調を整えるために辛味の強い料理が多く、山椒や唐辛子を多用。四川料理は「一菜一格、百菜百味」（一つの料理に一つの格式、百の料理に百の味つけ）といわれるように、調理法の種類が多い。

マーラードウフー
《麻婆豆腐》
肉なし麻婆豆腐

ゴンバオジーディン
《宫保鸡丁》
鶏肉とナッツの炒め

ユイシァンチエズ
《鱼香茄子》
ナスとひき肉の香味煮

西 湖南料理
内陸で発達した発酵と燻製

四川と同じく、湿気があるため辛味が強い。塩水に漬けて発酵させた漬物と唐辛子を使った「酸辣」や、酸っぱく甘い「酸甜」、辣油がきいた「紅油」などの味つけが特徴。塩漬けや燻製などの保存食が発達している。

フークエフオトエ
《富贵火腿》
はちみつ漬けハム

ドンアンジー
《东安子鸡》
湖南風酸辛鶏

ラーウェイホージョン
《腊味合蒸》
燻製肉の合わせ蒸し

東 浙江料理
素材を引き立てる繊細な技

杭州、寧波、紹興などの料理で、素材のもち味を引き出す繊細な味つけが特徴。杭州は南宋時代の首都として栄え、その当時の料理も残されている。紹興酒の産地であり、その酒粕など副産物を用いた料理も多い。

ロンジンシャーレン
《龙井虾仁》
茶葉添えエビ炒め

ドンポーロウ
《东坡肉》
トンポー肉

シュエツァイロウスーミエン
《雪菜肉丝面》
高菜と豚肉の汁麺

南 広東料理
熱帯気候で育まれる独自性

細かくは広州料理、潮州料理、東江料理に分けられる。広州は飲茶の文化が根付き、バラエティ豊かな点心が魅力。潮州は東南アジアの影響を受け魚醤なども使われる。東江料理は塩漬け肉や魚などの塩味の強い保存食が発達。

グウラオロウ
《咕咾肉》
酢豚

ハオヨウニュウロウ
《蚝油牛肉》
牛肉のオイスターソース炒め

ガンチャオニューハー
《干炒牛河》
牛肉入り米粉麺

南 福建料理
海の幸を活かす知恵

海に面しているため、カキなど海産品を用いた料理が多い。味つけは甘酸っぱく、あっさりとしており、「紅糟」（紅麹で作られる酒粕）や「蝦油」（エビを発酵させた醤油）といった独特な発酵調味料がある。

チンタンユイワン
《清汤鱼丸》
魚のつみれ汁

シェンファン
《蟳饭》
蟹おこわ

フォティオチャン
《佛跳墙》
壺詰め蒸し

東 江蘇料理
おだやかな風土が生んだ味

水源に恵まれ米や淡水魚の料理が多く、油と砂糖を多く使う。「揚州炒飯」が具沢山の贅沢なチャーハンを指すように、江蘇省・揚州は産物が豊富な地。さらに細かく淮陽料理、南京料理、蘇錫料理に分けられる。

シュエイチンヤオロウ
《水晶肴肉》
塩漬け豚の煮こごり

チンドウシーズトウ
《清炖狮子头》
大きな肉団子スープ

イエンシュイヤー
《盐水鸭》
南京ダック

嚐盡百味！不同方位的代表性料理／日本飲食的源頭在中國大陸！

「嚐盡百味！不同方位的代表性料理」根據以顏色區分東南西北的圖表，和上方的料理做連結，簡單而明瞭。右頁「日本飲食的源頭在中國大陸！」以中央的年表分隔上下兩側，增添版面的親和力。

TRANSIT46號「嚐盡百味！不同方位的代表性料理」、「日本飲食的源頭在中國大陸！」
〔編輯製作 Editing & production〕
CL, SB：euphoria factory　AD：尾原史和（BOOTLEG）　DF：BOOTLEG　I：小林達也（Miltata）
監修：原田信夫　文：山本章子　編輯，文：橋本安奈（TRANSIT編輯部）
編輯：福田香波（TRANSIT編輯部）　P（封面）：佐藤健壽　編輯（封面）：林紗代香（TRANSIT編輯部）

① 農具
Farming tools

青銅器と鉄により社会が変化

弥生時代に朝鮮半島経由で伝来した青銅器と鉄。融点温度の低い青銅器は複雑な文様を施した銅鐸などの祭祀道具に、鉄は農具や武具の実用品として用いられた。これらの道具の発展により、同時期にもたらされた稲作文化も発展。

② 魚醬
Fish Sauce

水田稲作と魚醬は切り離せない

タイのナンプラー、ベトナムのニョクマムなど、魚を発酵させたものを調味料として使う文化は、中国を中心に東南アジアなど稲作文化圏全般で見られる。中国の紀元前の文献に醬という表現が残り、日本では万葉集に塩辛の記述がある。

③ 米
Rice

水田稲作による米文化

朝鮮半島経由で新モンゴロイドとともに日本にやってきたのが水田稲作による米文化。狩猟や漁労中心だった縄文時代の生活を大きく変化させ、社会的余剰を生み出した。この米がその後の日本の食文化に大きく影響。

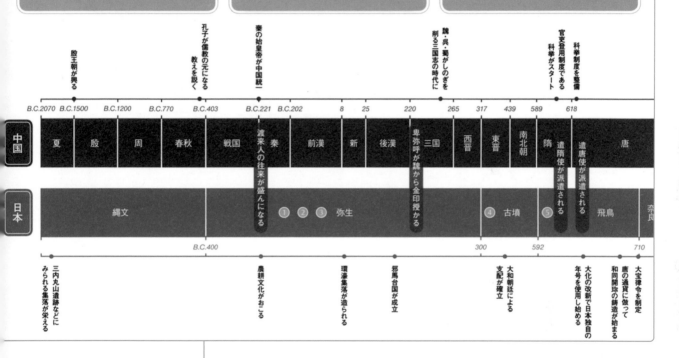

（年表）

上段（中国関連）：
殷王朝が興る／孔子が儒教の元になる教えを説く／秦の始皇帝が中国統一／魏・呉・蜀がしのぎを削る三国志の時代に／官吏登用制度である科挙がスタート／科挙制度を整備

中国
B.C.2070　B.C.1500　B.C.1200　B.C.770　B.C.403　B.C.221　B.C.202　8　25　220　265　317　439　589　618

夏　殷　周　春秋　戦国　秦（渡来人の往来が盛んになる）　前漢　新　後漢　三国（卑弥呼が魏から金印授かる）　西晋　東晋　南北朝　隋（遣隋使が派遣される）　遣唐使が派遣される　唐

日本
縄文　①②③弥生　④古墳　⑤飛鳥　奈良
B.C.400　300　592　710

下段（日本関連）：
三内丸山遺跡などにみられる集落が栄える／農耕文化がおこる／環濠集落が造られる／邪馬台国が成立／大和朝廷による支配が確立／大化の改新で日本独自の年号を使用し始める／唐の通貨に倣って和同開珎の鋳造が始まる／大宝律令を制定

THE ROOTS of
日本食のルーツは大陸にあり！
JAPANESE CUISINE

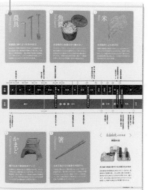

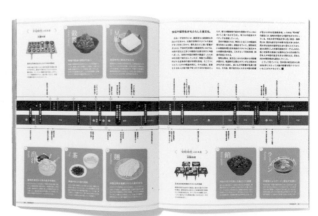

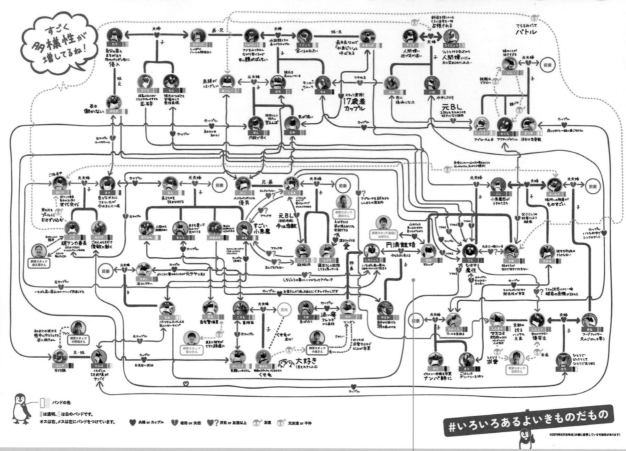

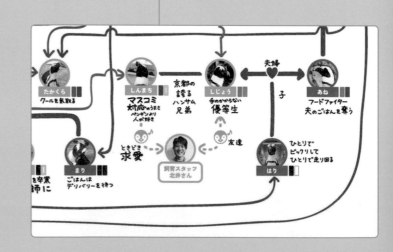

水族館裡的企鵝關係圖

這是根據住在京都水族館裡的59隻企鵝的個性、彼此的關連性，以及保育員的資料匯整出來的關係圖。特意用不同顏色，搭配手繪風格的線條來呈現複雜的關係。

京都企鵝關係圖2020（水族館 Aquarium）

CL：京都水族館　CD：島津裕介　AD：小室真純　D：西澤志野 / 飯塚朋未
CW：島津裕介 / 伊藤美幸 / 福宿桃香　活動企畫：來住貴宏
業務執行：渡邊伊織 / 冰室晃祥　代理製作：栗川愛子
製作人：井置麻呂也　SB：ORIX水族館

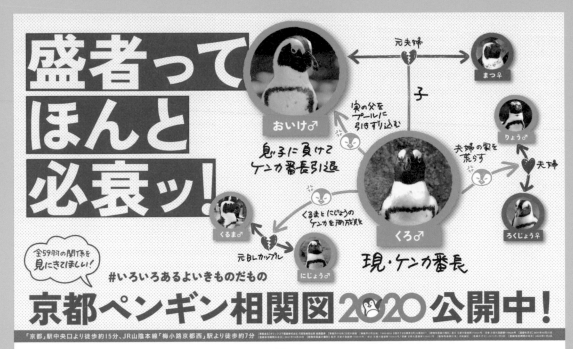

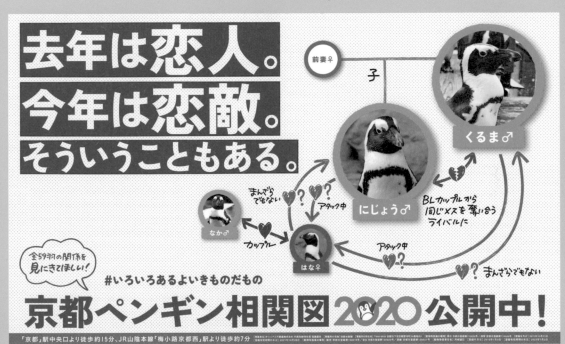

073

結構・圖解
Schematic / Score

自己出書的方法

全程以插圖圖解的方式對想要自己出書的人說明書籍製作的過程，涵蓋了從
準備原稿到完成印刷的流程。該作品在海外公開招募展裡獲獎。

海報「自己出書的方法」〔出版社 Publishing〕
CL：Street H magazine　CD, D：Jang sunghwan
D：Oh TaeGyeong / Kook Minhee / Son Byungju
DF：203 Infographics Lab

海外旅行携帶物品和打包方式

出國旅行要打包的東西和數量跟在國內旅行有所不同。本作品的圖示設計讓人一眼就能看懂應該帶哪些東西和行李打包方式。該作品在海外公開招募展裡獲獎。

海報「海外旅行時的打包方式」（出版社 Publishing）
CL：Street H magazine　CD, D：Jang sunghwan　D：Jung Youngok /
Lee Junho
DF：203 Infographics Lab

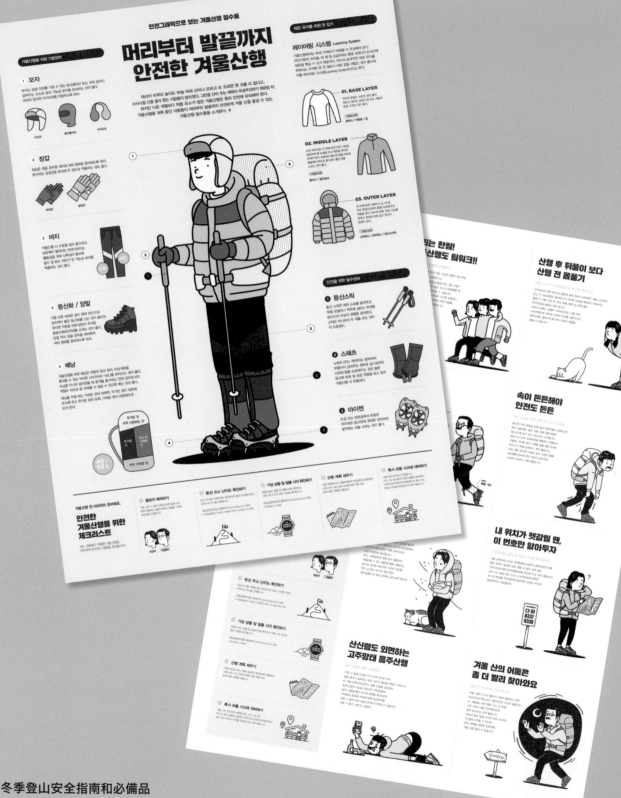

冬季登山安全指南和必備品

冬季登山的愛好者年年增多，但冬季爬山也比春季和秋季來得危險。本作品
以冬季登山的人為對象，利用簡明的圖示在愉快的氣氛中說明登山時的必備
品和安全指南。

預防冬季登山危險的印刷出版品 〔設計事務所 Design office〕
CL, DF：SUNNYISLAND　CD, I, SB：YOON SANG JOON
CW：U JUNG / KIM SEUL KI　Coordinator：SIM JOON WOO / MIN GYEONG HWAN

騎乘自行車的安全指南

跟汽車比起來，人們對騎乘自行車的安全認知程度相對較低，此為提高相關認知的設計作品，用一種帶有歡樂的氣氛說明注意事項和必要裝置。

騎乘自行車時預防危險的印刷出版品
（設計事務所 Design office）
CL, DF：SUNNYISLAND　CD, I, SB：YOON SANG JOON
CW：U JUNG / KIM SEUL KI　Coordinator：SIM JOON WOO /
MIN GYEONG HWAN

ABC 자가점검 안전라이딩의 기본

눈가리고 귀막고 불통라이딩

패션쇼는 런웨이에서 라이딩은 안전하게

슈퍼카나 고물자전거나 안전에는 순서없다

자전거 전용도로 그들만의 안전도로

두 바퀴로 가는 자전거 횡단보도에선 두 발로

바람따라 삼천리 안전한 라이딩

안전그래픽으로 보는 라이딩 안전 필수품

라이딩 안전 용품

1. 헬멧
2. 고글 / 보호안경
3. 장갑
4. 팔꿈치 / 무릎 보호대
5. 버프 / 마스크

라이딩을 위한 복장

상의
하의
신발

라이딩 안전장비
01
전조등 / 후미등

라이딩 안전장비
02
휴대용 공구 키트

라이딩 안전장비
03
펑크 패치

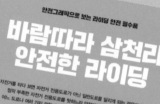

點心的種類

中國料理的點心種類就跟食材一樣豐富而多元。這裡用資訊圖表呈現出點心的食材、種類、歷史和搭配的茶水種類等，一目了然。該作品在海外公開招募展裡獲獎。

海報「令人感動的食物和點心」（出版社 Publishing）
CL：Street H magazine　CD, D：Jang sunghwan
D：Choi YoungHoon / Oh TaeGyeong
DF：203 Infographics Lab

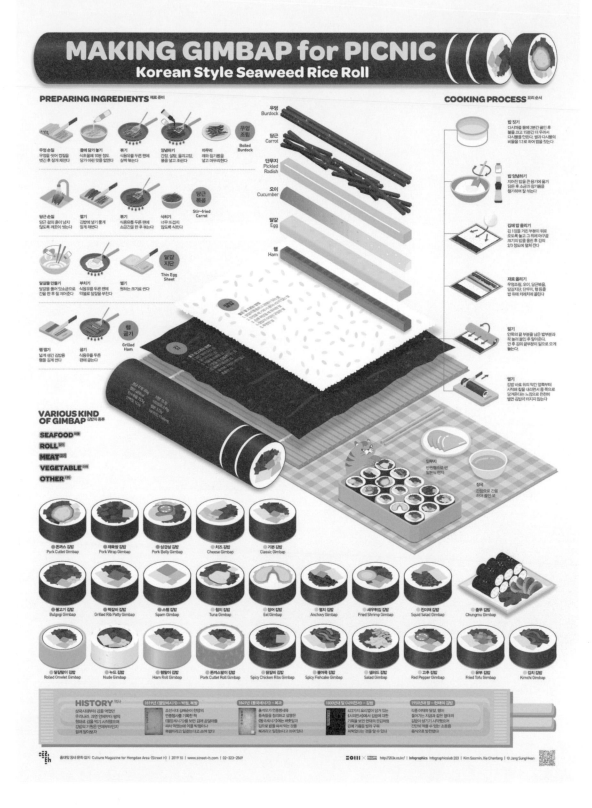

紫菜卷的材料與做法

韓國傳統海苔包飯「紫菜卷」（Gimbap）因食用簡單，在海外也頗有人氣，過去很常打包在野餐時食用。本作品用顏色豐富的插畫圖解方式來介紹各種紫菜卷的材料與做法。本作品在海外公開招募展裡獲獎。

海報「野餐用紫菜卷的做法」（出版社 Publishing）
CL：Street H magazine　CD, D：Jang sunghwan
D：Kim Soomin / Xie Chanfang　DF：203 Infographics Lab

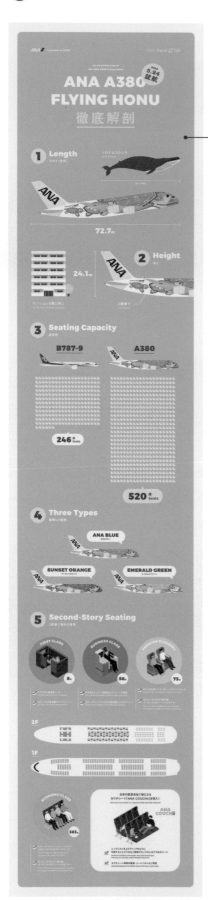

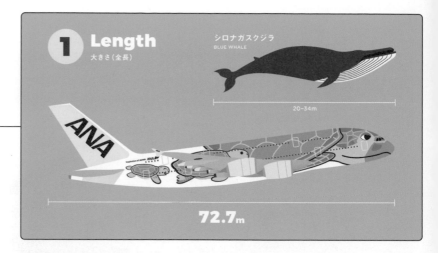

1 Length
大きさ（全長）

シロナガスクジラ
BLUE WHALE

20-34m

72.7m

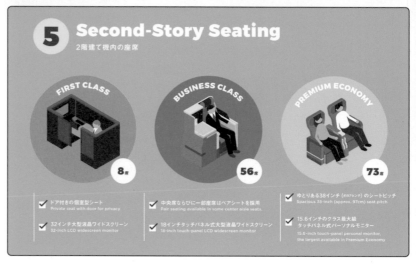

5 Second-Story Seating
2階建て機内の座席

FIRST CLASS

8席

- ☑ ドア付きの個室型シート
  Private seat with door for privacy
- ☑ 32インチ大型液晶ワイドスクリーン
  32-inch LCD widescreen monitor

BUSINESS CLASS

56席

- ☑ 中央席ならびに一部座席はペアシートを採用
  Pair seating available in some center aisle seats.
- ☑ 18インチタッチパネル式大型液晶ワイドスクリーン
  18-inch touch-panel LCD widescreen monitor

PREMIUM ECONOMY

73席

- ☑ ゆとりある38インチ（約97センチ）のシートピッチ
  Spacious 38-inch (approx. 97cm) seat pitch
- ☑ 15.6インチのクラス最大級
  タッチパネル式パーソナルモニター
  15.6-inch touch-panel personal monitor,
  the largest available in Premium Economy

ECONOMY CLASS

383席

- ☑ 34インチ（約86センチ）のシートピッチ
  （ANA COUCHiiは32インチピッチ）
  34-inch (approx. 86cm) seat pitch
  (32 inches for ANA COUCHii)
- ☑ 13.3インチのクラス最大級
  タッチパネル式パーソナルモニター
  13.3-inch touch-panel personal monitor,
  the largest available in Economy Class

日本の航空会社で初となる
カウチシート「ANA COUCHii」を導入！
First-ever couch seats on a Japanese airline with ANA COUCHii!

ANA COUCHii

- ☑ レッグレストを上げてベッドのように
  利用することができるご家族やカップルにおすすめのシート
  Perfect for families and couples who want to kick back
  and relax on a bed by simply lifting the legs rests.
- ☑ カウチシート専用の寝具・シートベルトもご用意
  Special bedding and seatbelts made to fit these couch seats.

ANA A380 FLYING HONU徹底解析

本作品針對2019年5月24日在成田與檀香山（Honolulu）航線登場、暱稱「FLYING HONU」的全球最大客機A380之機身長度、高度和座位數等規格，用插圖做比較與介紹。

ANA Travel & Life（網路雜誌） 〔航空運輸 Air transportation business〕
CL：全日本空輸　　AD, D, SB：groovisions

日本的世界遺產

利用日本地圖和可表現其特色的插圖介紹登錄成為聯合國教科文組織
(UNESCO) 世界遺產的21個地點與名稱（2017年7月時點）。左圖下方「用
數字看世界遺產」的部分，也採相同的插圖與數字組合的方式來呈現。

ANA Travel & Life (網路雜誌) 〔航空運輸 Air transportation business〕
CL：全日本空輸　　AD, D, SB：groovisions

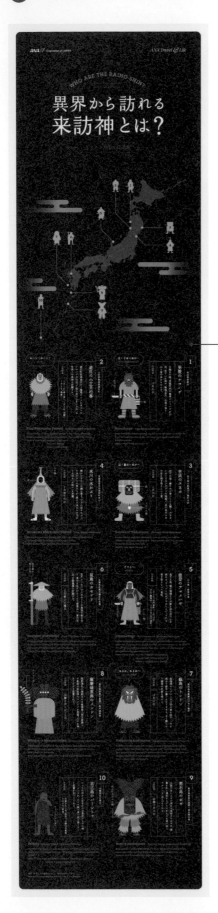

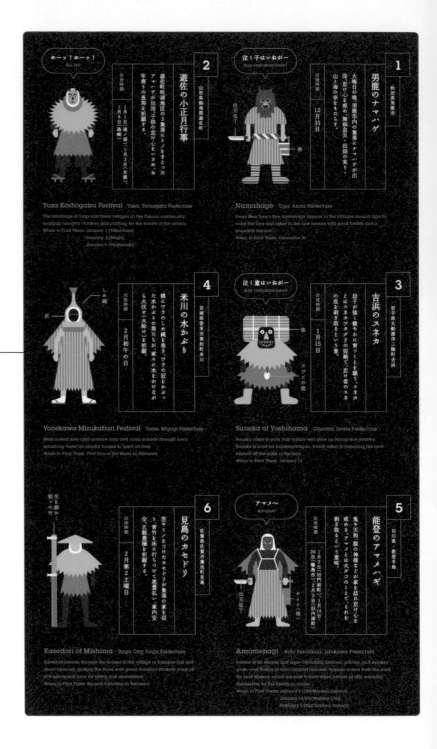

來自異界的「來訪神」為何方神聖？

從異界來到人間的神明，在日本稱「來訪神」。本作品介紹10個存在日本各地的來訪神降臨祭事，以及該來訪神的相關事宜。在突顯每位來訪神特徵的插畫裡，也圖解其持有物品和台詞。

ANA Travel & Life（網路雜誌）　（航空運輸 Air transportation business）
CL：全日本空輸　　AD, D, SB：groovisions

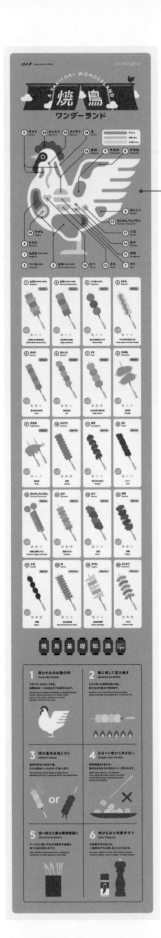

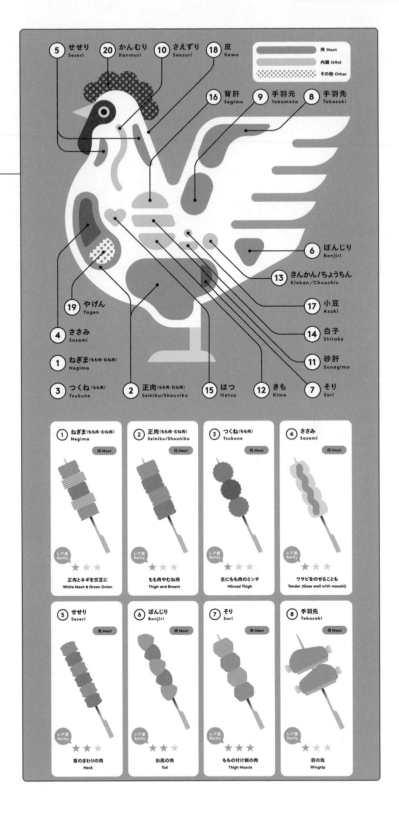

燒鳥樂園

從以顏色區分的肉類、內臟和其他部位，圖解20種雞肉串燒的種類和稀有程度，順便介紹好像知道又不太清楚的雞肉串燒基本知識。溫暖的橘色背景正好與主題相襯。

ANA Travel & Life（網路雜誌）〔航空運輸 Air transportation business〕
CL：全日本空輸　AD, D, SB：groovisions

Ingredients

What is Sake made from?

Water

Sake is comprised of 80% water. The taste of the Sake changes by the water that is used, even with the same brewing methods the palate will change from region to region.

Distilled alcohol

Depending on the Sake made, distilled alcohol is added in the production process. From this, the aroma of the Sake is enhanced and the palate is made clearer.

Normally consumed rice is brown rice polished 10% (the outer husk removed), however rice used in sake is 30-50% polished. The quality of the Sake changes depending on the level of polishing.

Rice

Sake is brewed from Koji mold which has been saccharified from rice starch and yeast which changes sugar to alcohol and carbonic acid. These two elements which influence the flavor and taste are essential to Sake.

Koji mold, yeast

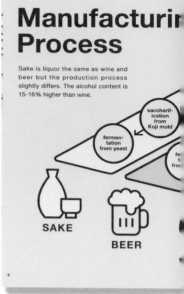

Manufacturing Process

Sake is liquor the same as wine and beer but the production process slightly differs. The alcohol content is 15-16% higher than wine.

saccharification from Koji mold

fermentation from yeast

SAKE

BEER

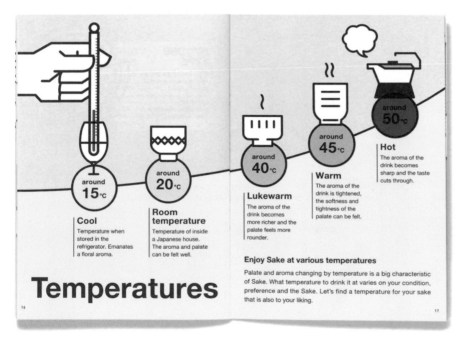

Temperatures

Enjoy Sake at various temperatures

Palate and aroma changing by temperature is a big characteristic of Sake. What temperature to drink it at varies on your condition, preference and the Sake. Let's find a temperature for your sake that is also to your liking.

around **15**°c

Cool
Temperature when stored in the refrigerator. Emanates a floral aroma.

around **20**°c

Room temperature
Temperature of inside a Japanese house. The aroma and palate can be felt well.

around **40**°c

Lukewarm
The aroma of the drink becomes more richer and the palate feels more rounder.

around **45**°c

Warm
The aroma of the drink is tightened, the softness and tightness of the palate can be felt.

around **50**°c

Hot
The aroma of the drink becomes sharp and the taste cuts through.

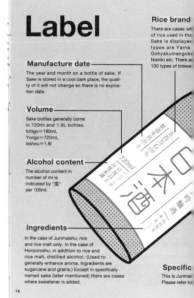

Label

Manufacture date
The year and month on a bottle of sake. If Sake is stored in a cool dark place, the quality of it will not change so there is no expiration date.

Volume
Sake bottles generally come in 720ml and 1.8L bottles. Ichigo=180ml, Yongo=720ml, Isshou=1.8l

Alcohol content
The alcohol content in number of ml is indicated by "度" per 100ml.

Ingredients
In the case of Junmaishu; rice and rice malt only. In the case of Honjozoshu; in addition to rice and rice malt, distilled alcohol. (Used to generally enhance aroma. Ingredients are sugarcane and grains.) Except in specifically named sake (later mentioned) there are cases where sweetener is added.

Rice brand
There are cases wh of rice used in the Sake is displayed types are Yama Gohyakumangoku Nishiki etc. There are 100 types of brewe

Specific
This is Junmai Please refer to

日本酒指南

輕鬆學習日本酒相關知識的簡冊。原本是為了海外批發商和餐飲店所製。使用簡潔的文章和插圖介紹讓人覺得太專門、難懂的日本酒之魅力。

An Introduction to SAKE 〔釀酒 Brewing〕
CL：飯沼本家　AD, D, I：藤田雅臣　製作：Anchorman　SB：tegusu

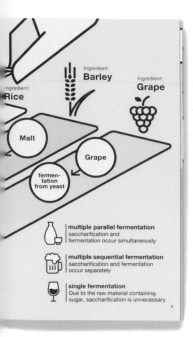

Ingredient:
Barley

Ingredient:
Grape

Ingredient:
Rice

Malt

Grape

fermen-
tation
from yeast

multiple parallel fermentation
saccharification and
fermentation occur simultaneously

multiple sequential fermentation
saccharification and fermentation
occur separately

single fermentation
Due to the raw material containing
sugar, saccharification is unnecessary

9

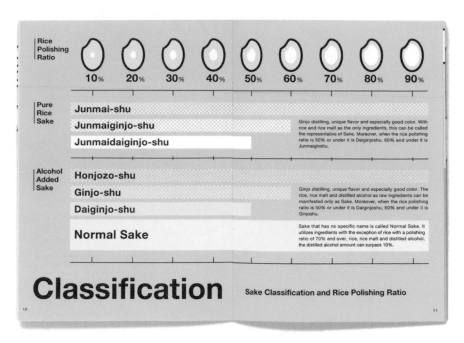

Rice Polishing Ratio	10%	20%	30%	40%	50%	60%	70%	80%	90%

Pure Rice Sake

Junmai-shu

Junmaiginjo-shu

Junmaidaiginjo-shu

Ginjo distilling, unique flavor and especially good color. With rice and rice malt as the only ingredients, this can be called the representative of Sake. Moreover, when the rice polishing ratio is 50% or under it is Daiginjoshu, 60% and under it is Junmaiginshu.

Alcohol Added Sake

Honjozo-shu

Ginjo-shu

Daiginjo-shu

Ginjo distilling, unique flavor and especially good color. The rice, rice malt and distilled alcohol as raw ingredients can be manifested only as Sake. Moreover, when the rice polishing ratio is 50% or under it is Daiginjoshu, 60% and under it is Ginjoshu.

Normal Sake

Sake that has no specific name is called Normal Sake. It utilizes ingredients with the exception of rice with a polishing ratio of 70% and over, rice, rice malt and distilled alcohol, the distilled alcohol amount can surpass 10%.

Classification

Sake Classification and Rice Polishing Ratio

10   11

SMV
The standard numerical value expressing the relative weight of Sake is 0. The more positive the number the less sugar content, the more negative the number the more sugar content. This is the index for dry and sweet sake. However, depending on the aroma of the Sake and your condition for the day, the palate you experience will change so it is just a guide.

Rice-polishing ratio
...ven that brown rice is 100%, this ...icates the percent of original rice left ...er polishing. For example, in the case ... the rice-polishing ratio is 60% or ...low, over 40% of the brown rice husk ... been removed. This greatly influenc... ...s the Sake's palate and aroma.

19

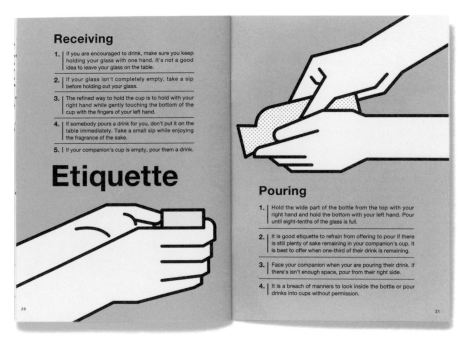

Receiving

1. | If you are encouraged to drink, make sure you keep holding your glass with one hand. It's not a good idea to leave your glass on the table.

2. | If your glass isn't completely empty, take a sip before holding out your glass.

3. | The refined way to hold the cup is to hold with your right hand while gently touching the bottom of the cup with the fingers of your left hand.

4. | If somebody pours a drink for you, don't put it on the table immediately. Take a small sip while enjoying the fragrance of the sake.

5. | If your companion's cup is empty, pour them a drink.

Etiquette

Pouring

1. | Hold the wide part of the bottle from the top with your right hand and hold the bottom with your left hand. Pour until eight-tenths of the glass is full.

2. | It is good etiquette to refrain from offering to pour if there is still plenty of sake remaining in your companion's cup. It is best to offer when one-third of their drink is remaining.

3. | Face your companion when your are pouring their drink. If there's isn't enough space, pour from their right side.

4. | It is a breach of manners to look inside the bottle or pour drinks into cups without permission.

20   21

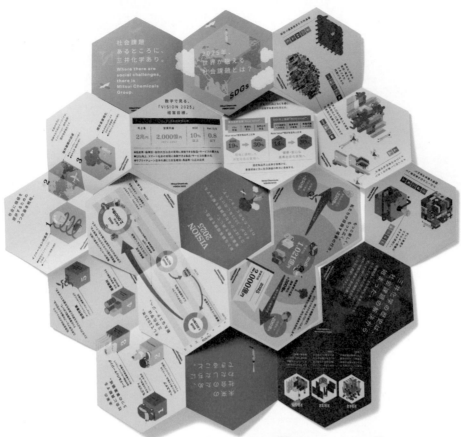

經營目標的圖說

此為三井化學到2025年為止的經營目標說明簡冊。以表徵化學的六角型結構做為創意核心設計，正面是可拿在手上翻閱的讀物，全面展開後背面則形成一張大圖。

VISION 2025
〔綜合化學製造商 Diversified chemicals manufacturer〕
CL：三井化學　CW：宮坂雅春　AD, D, I：濱名信次　SB：Beach

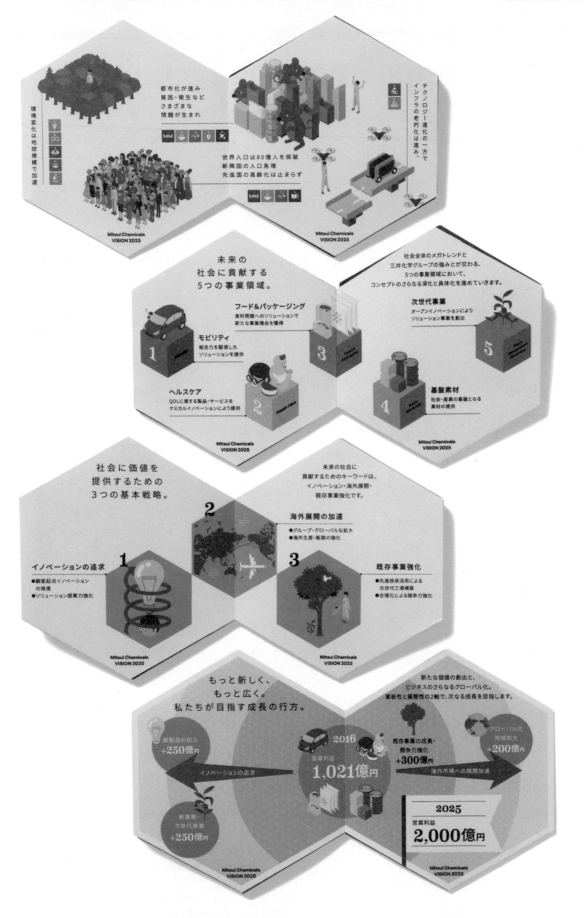

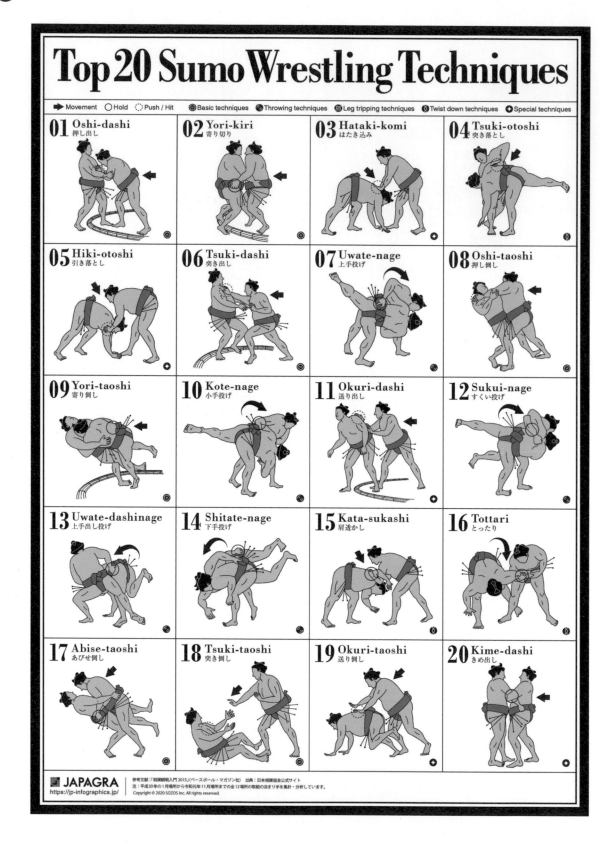

相撲致勝招數圖解

從大約3,500組相撲競賽中計算出20大致勝招術。利用插圖和記號引導男女老少甚至外國人，都能輕鬆了解相撲的樂趣。

JAPAGRA 網站「相撲致勝招數前20技排行榜」
（公關公司 Public relations agency）

CL, DF, SB：SOZOS　CD, AD, D：阿曾龍司　I：秋元操
CW：Wes Abbott / Chise Abbott

車站和電車上造成他人困擾的行為圖解

截取車站和電車內的日常一景，用插圖表達成他人困擾的前幾大行為。為引起注意，採用帶有衝擊力的黃色以及電車俯視圖設計方式，讓人一眼就能看懂。

2019年度 車站和電車內造成他人困擾的行為排行榜
（鐵路業界團體 Railway industry organization）

CL, SB：日本民營鐵道協會 ECD：江尻卓郎 CD：羽田 和弘
D：嶋崎純子（TOKYO AD DESIGNERS） C：山崎奈美子（TOKYO AD DESIGNERS）
I：服部新一郎（TOKYO AD DESIGNERS） Pr：小野健輔（TOKYO AD DESIGNERS）
A：KEIO AGENCY DF：TOKYO AD DESIGNERS

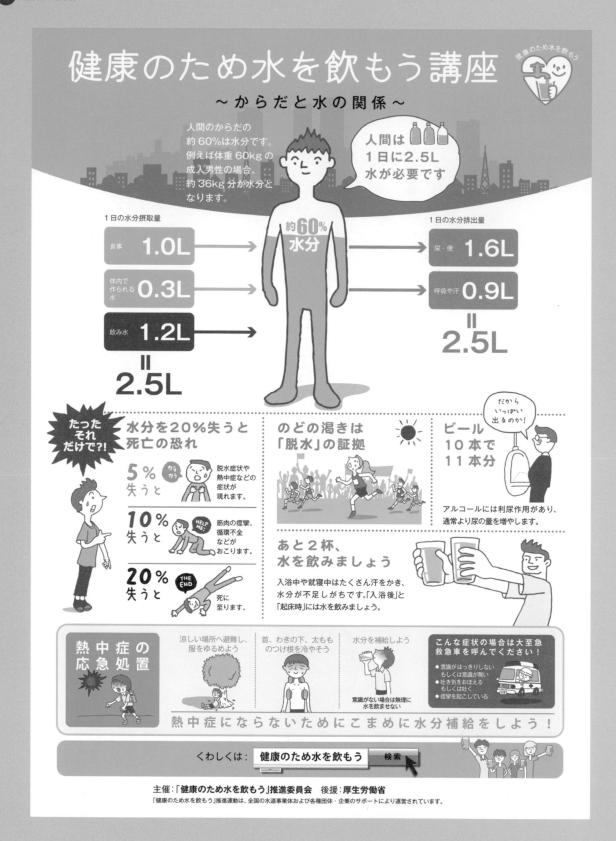

身體和水的關係 圖解‧機制

此為2016年製作的作品，是始於2007年啟發活動的一環。以講座形式說明「身體與水的關係」，並用插圖表達出水對人體的重要性，簡明易懂。

「多喝水促進身體健康」推廣運動海報講座
（非營利團體 Non-profit organization）
CL, SB：「多喝水促進身體健康」推廣委員會事務局
D, I：森 浩基（norhwood design） 標題製作：水道產業新聞社

預防新冠病毒感染方法

有鑑於2020年2月新冠病毒感染可能擴大故緊急製作的宣導海報。視覺化呈現預防感染應採取的行動，並加入疫情長期發展之下也能適度享受生活的印象。

為預防感染，你能採取的行動。新冠病毒 | COVID-19 （設計事務所 Design office）
CL：為預防感染，你能採取的行動。　CD, AD, D, I：德間貴志（bowlgraphics inc.）
HTML：吉木裕介(Corazon)　Print and Color coordination：竹見正一（協進印刷）
Animation：辻田幸廣　Music：Mai Inarigami
醫療監修：澁谷健司（King's College London）／林 淑朗（亀田綜合醫院）／
堀 成美（國立國際醫療研究中心）／久住英二（Navitas診所）　SB：bowlgraphics inc.

個人資料保護法修訂內容圖解

設計上特別注重在沒有背景知識的情況下也能引發興趣，讓人想要進一步了解的入門
引導。從「什麼是個人資料」、「做了哪些修訂」、「能獲得什麼樣的成效」循序往
下看，就能明白相關內容。

做了哪些改變？個人資料保護法修訂・數據體驗～支援數據應用的商務媒體～
（資訊服務 Information service）
CL, SB：WingArc1st　企畫・編輯：穂苅知美（數據體驗）　DF：econte

Society 50（超智能社會）結構

暢言日本未來的「新產業結構展望」白皮書多達300頁，內容艱澀難懂，本作品用視覺化圖示帶出1分鐘就能看懂的重點整理。

【圖解】用1分鐘看懂經濟部產業省300頁的「新產業結構展望」
（資訊服務 Information service）

CL, SB：WingArc1st　企畫、編輯：野島光太郎（數據體驗）
CD：前島直紀（Kartz Media Works）　AD：米山順也（Kartz Media Works）

OFFICE TOTAL SOLUTION

その**Q**の答えはスターティアが持っている。

オフィスやビジネスで生まれるお悩みごと・お困りごとは、進化するITの力で解決に導けます。
日々頭を抱える課題を、どうすれば解決できるだろう――。
そのQuestionへの答えはスターティアが持っています。ぜひ、あなたの会社のQをお聞かせください。
素晴らしいご提案をお届けできる事を約束します。

Q ① 売上UP →P3
- 集客が上がらない
- 集めた名刺を有効活用できていない
- 他社と違うユニークな提案や企画を増やしたい
- ブランディングに力を入れたい
- 取扱い商材を増やし、顧客のニーズに応えたい

Q ③ 業務改善 →P7
- 通信despesaが遅くて困っている
- どこでも仕事ができるようにしたい
- システム障害が無いためトラブル時の対応が大変
- わずらわしい事務作業が多い
- マイナンバーの管理が不安

Q ④ オフィス環境 →P9
- 社内の情報内をスムーズにできていない
- もっと快適なオフィスで働きたい
- 拠点間の通信やデータ共有を楽にしたい

Q ⑤ リスク管理 →P11
- 怪しいメールが届いたり、ウイルス被害が心配
- 情報漏えいが心配
- 盗難や物品の保管をしたい
- 震災時などの危急な停電に備えたい
- 大事なデータの破損や消失が心配

Q ② コスト削減 →P5
- インターネットや電話代が高い
- 通信機器などの設備費が高い
- 印刷代が高い・紙の消費が多い
- 広告費の費用対効果を見直したい
- 地代家賃が負担になっている

経営部門
営業部門
情報システム部門
総務部門
経理部門

Q まとめ / Q コスト削減 / Q 業務改善 / Q オフィス環境 / Q リスク管理

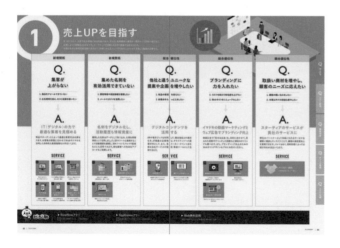

① 売上UPを目指す

新規開拓	新規開拓	競合優位性	競合優位性	競合優位性
Q. 集客が上がらない	**Q.** 集めた名刺を有効活用できていない	**Q.** 他社と違うユニークな提案や企画を増やしたい	**Q.** ブランディングに力を入れたい	**Q.** 取扱い商材を増やし、顧客のニーズに応えたい
A. IT(デジタル)の力で最適な集客を見極める	**A.** 名刺をデジタル化し、活動履歴を情報資産に	**A.** デジタルコンテンツを活用する	**A.** イマドキの動画マーケティングとウェブ広告でブランディング向上	**A.** スターティアのサービスが異社のサービスに
SERVICE	SERVICE	SERVICE	SERVICE	SERVICE

② コストを削減する

通信費	通信費	通信費	広告費	地代家賃
Q. インターネットや電話代が高い	**Q.** 通信機器などの設備費が高い	**Q.** 印刷代が高い・紙の消費が多い	**Q.** 広告費の費用対効果を見直したい	**Q.** 地代家賃が負担になっている
A. 利用状況に合わせて回線やプランを最適に	**A.** 環境状況に応じて、無駄をカットする	**A.** 印刷を減らし、ペーパレス化に取り組む	**A.** 成果報酬型のクリック課金制ののWeb広告	**A.** よりよい物件へ、番号変えずに移転
SERVICE	SERVICE	SERVICE	SERVICE	SERVICE

服務內容介紹

該簡冊以回答顧客問題和困擾的QA形式來介紹打造IT化辦公環境的企業所能提供的廣泛服務內容。

服務內容介紹簡冊 （IT服務 IT service）
CL：Startia　CD：辻 雄介　DF, SB：Seven Brooks

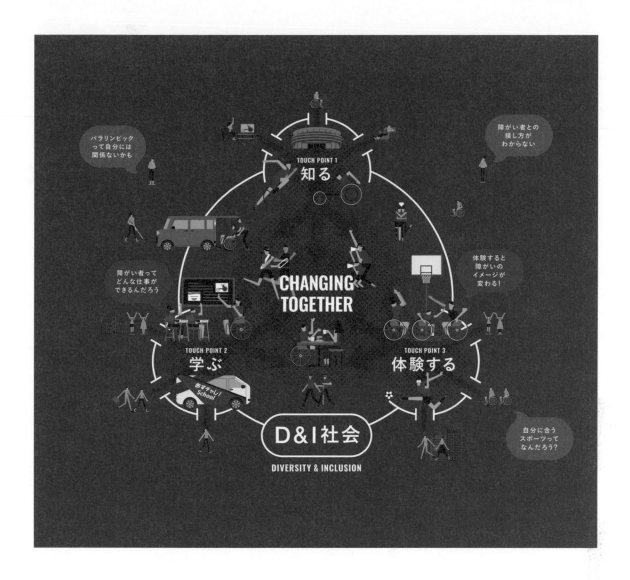

D&I社會的結構

此為帕奧會（殘奧會）支援中心網站的視覺設計。殘障體育運動具有改變人們意識，進而改變社會的力量。用直觀的設計表達了透過「了解」、「學習」和「體驗」打造永續性D&I（多元共融）社會的意識。

帕奧會支援中心邁向D&I社會的方法（財團 Foundation）
CL：日本財團帕拉奧運會支援中心　CD, CW, AD：KOKOCHIE
AD, D, I：濱名信次　SB：Beach

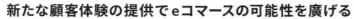

新たな顧客体験の提供でeコマースの可能性を廣げる

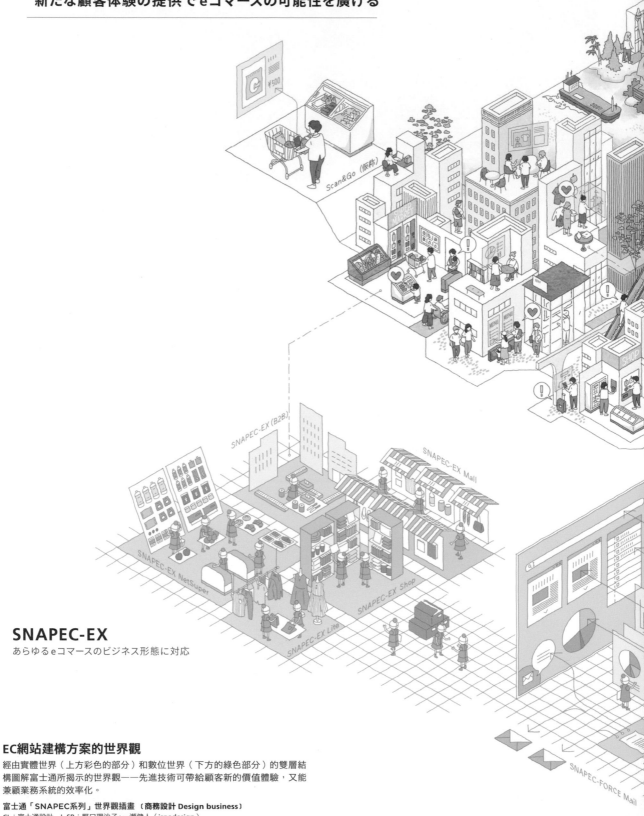

SNAPEC-EX
あらゆるeコマースのビジネス形態に対応

EC網站建構方案的世界觀
經由實體世界（上方彩色的部分）和數位世界（下方的綠色部分）的雙層結構圖解富士通所揭示的世界觀——先進技術可帶給顧客新的價值體驗，又能兼顧業務系統的效率化。

富士通「SNAPEC系列」世界觀插畫（商務設計 Design business）
CL：富士通設計　I, SB：野口理沙子+一瀨健人（isnadesign）

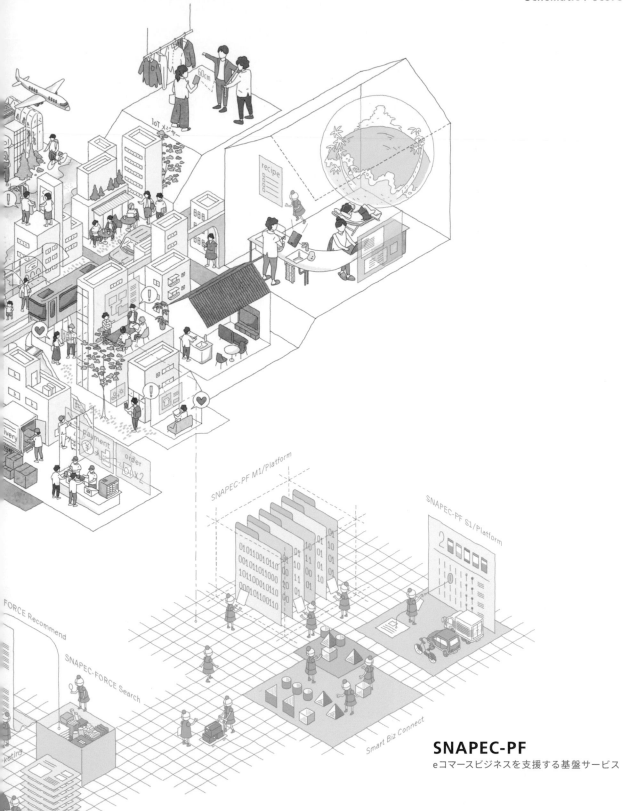

SNAPEC-PF
eコマースビジネスを支援する基盤サービス

SNAPEX-FORCE
単体でも利用可能なeコマース強化サービス

關於第1型糖尿病

為促進親子對第1型糖尿病的了解所製三冊一組的小手冊裡的頁面資料。用繪本的方式說明糖尿病分類裡第1型糖尿病的症狀等。

我是第1型糖尿病患
〔糖尿病支援團體 Diabetes support group〕
CL：Yi-Lan Association of Diabetes Supporters
D, CW：Zora Wu / Li-Chiang Liu
D, Picture Book Handwriting：You-An Yan
I：Hallie Chen SB：Zora Wu

Karakteristik Angkatan Kerja

di Provinsi Sulawesi Tenggara menurut Tingkat Pendidikan Terakhir yang Ditamatkan

Characteristics of the Labor Force in Sulawesi Tenggara Province by the Latest Education Level Completed

2019

Dengan berbagai jenis pekerjaan, bagaimana rata-rata upah/gaji bersih pekerja?

With various type of jobs, what is the average net wage/salary of workers?

449.793	397.621	199.341	216.520

Sekolah Menengah Pertama
Junior High School

TPAK 53,32   TPT 2,04

Lapangan Usaha Utama
Main Industry
38,20% — Pertanian / *Agriculture*

Status Pekerjaan Utama
Main Employment Status
27,12% — Pekerja Keluarga/ Pekerja Tak Dibayar / *Family Worker/ Unpaid Worker*

Perguruan Tinggi
College

TPAK 86,17   TPT 5,30

Lapangan Usaha Utama
Main Industry
87,12% — Jasa / *Services*

Status Pekerjaan Utama
Main Employment Status
81,21% — Buruh/Karyawan/ Pegawai / *Employee*

...status/BPS-Statistics, August National Labor Force Survey

Pekerja Formal/*Formal Employee:*
Buruh/Karyawan/Pegawai
Employee

Pekerja Informal/*Informal Employee:*
Pekerja yang berstatus berusaha sendiri dan pekerja bebas di sektor pertanian dan non pertanian.
Self employed, casual agricultural worker, and casual non agricultural worker.

Pekerja Formal
Formal Worker

Menurut Lapangan Usaha Utama
By Main Industry

Pertanian / *Agriculture*	Rp1.828.108,93
Industri Pengolahan / *Manufacturing Industry*	Rp2.622.417,83
Jasa / *Services*	Rp2.683.156,53
Rata-Rata Keseluruhan / *Average of all industry*	Rp2.624.771,00

Tertinggi / *The highest*	Kota Kendari	Rp3.300.811,70
Terendah / *The lowest*	Buton Tengah	Rp1.240.863,78

Menurut Kelompok Usia
By Age Group

Tertinggi / *The highest*	55-59 tahun/*years old*	Rp5.076.009,19
Terendah / *The lowest*	15-19 tahun/*years old*	Rp1.297.514,73

Pekerja Informal
Informal Worker

Menurut Lapangan Usaha Utama
By Main Industry

Pertanian / *Agriculture*	Rp1.473.322,42
Industri Pengolahan / *Manufacturing Industry*	Rp1.562.939,04
Jasa / *Services*	Rp1.942.912,65
Rata-Rata Keseluruhan / *Average of all industry*	Rp1.674.995,41

Tertinggi / *The highest*	Kota Kendari	Rp2.370.824,71
Terendah / *The lowest*	Muna	Rp1.046.574,19

Menurut Tingkat Pendidikan Terakhir yang Ditamatkan
By Educational Attainment

Tertinggi / *The highest*	SMA ke Atas / *Senior High School and Above*	Rp2.008.148,86
Terendah / *The lowest*	Tidak Pernah Sekolah/ Belum Tamat SD / *No schooling/Not Yet Completed Primary School*	Rp1.261.613,63

從資訊圖表中看見東南蘇拉威西省

這是名為「從資訊圖表中看見東南蘇拉威西省 2020」的出版品中的頁面。統整了印尼東南蘇拉威西省的人口、經濟、地理和氣候等資訊,便於使用者理解。

從資訊圖表中看見東南蘇拉威西省
（地方政府 Local government）
CL：Statistics of Sulawesi Tenggara Province
D, I, CW：Ryan W. Januardi
CD：Fatchur Rochman
Chief Executive：Moh. Edy Mahmud
DF：BPS-Statistics of Sulawesi Tenggara Province
SB：Creativectory Studio

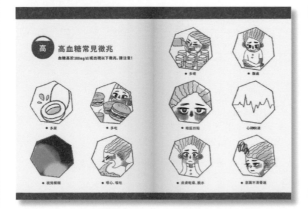

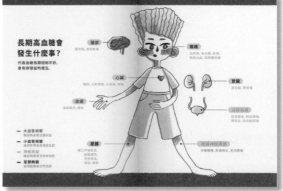

感染予防しながら楽しむための ニュールール

Do it Theater presents

Drive in Theater 2020

Distance, but Smile Together.

DIGITAL TICKET

チケットは QR コードで！
窓ガラスごしにチェックイン！

SOCIAL DISTANCING

車も人もソーシャルディスタンス。
トイレの待機列も間隔を空け
て並ぼう。

WEAR A MASK

マスクはマストアイテム！車外
に出るときはマスクをつけよう。
スタッフもマスクを着用します。

WASH YOUR HANDS

トイレのあとは必ず手洗いを。
30秒しっかり時間をかけて
隅々まで洗いましょう。

USE ALCHOL-BASED HAND SANITIZER

食事の前には手指のアルコール
消毒！消毒液はゲスト全員に
配布。会場各所にも設置します。

LET IN SOME FRESH AIR

窓は定期的に開けて換気！
気持ちいい夜風も感じよう！

PLEASE CHECK YOUR TEMPERATURE

当日の検温は忘れずに！
37.5℃以上の方は、残念です
が来場を控えてください。

DIGITAL COMMUNICATION

困ったことがあれば、まずは
スマホアプリから運営にご連絡
ください。できるだけ接触が
起こらないコミュニケーションを。

MEDICALLY APPROVED SAFETY PRECAUTIONS

本イベントは公衆衛生／医師の
監修を受けています。イベント
に参加しながら正しい感染症
予防の知識を学びましょう。

DISINFECTION AND STERILIZATION

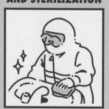

会場には消毒専門スタッフも。
会場をクリーンに保ってくれて
います。

本内容は、ドライブインシアターにおける新型コロナウイルス感染予防対策として、下記各業種の感染拡大予防ガイドラインを元に実施すべき基本的事項について整理・作成したものです。全国興行生活衛生同業組合連合会「映画館における新型コロナウイルス感染拡大予防ガイドライン」公益社団法人全国公立文化施設協会「劇場、音楽堂等における新型コロナウイルス感染拡大予防ガイドライン」一般社団法人全国ハイヤー・タクシー連合会「タクシーにおける新型コロナウイルス感染予防対策ガイドライン」また、本内容は Do it Theater（株式会社ハッチ）が契約を結んだ感染症の見識を持つ医師による監修を受け作成しております。

汽車電影院的預防感染措施

此為在新冠疫情期間也能安心享受看電影樂趣的汽車電影院呼籲入場者採取
預防感染措施所做的宣導工具。除了傳單和海報，也用於發送給入場者的禮
物盒設計上。

汽車電影院2020「預防感染同時又能享樂的新規則」
（製作公司 Event production）

CL, SB：HATCH　CD：伊藤大地／阪 實莉　D：桑田亞由子　I：kabeyaruumi
CW：佐藤宙信

**PLEASE TAG YOUR SNS POST
WITH #DRIVEINTHEATER2020**

Drive in Theater 2020 produced by

**FLASH YOUR HAZARD LIGHTS
FOR APPLAUSE**

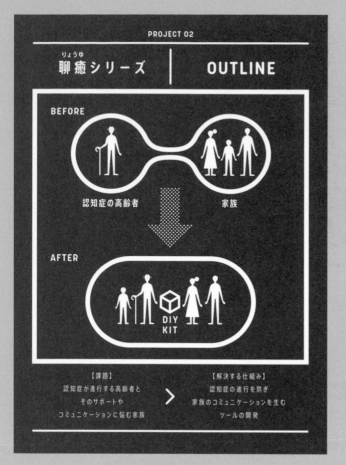

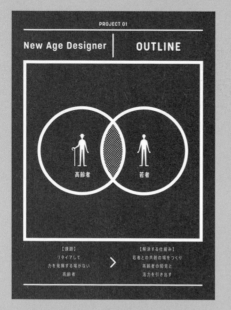

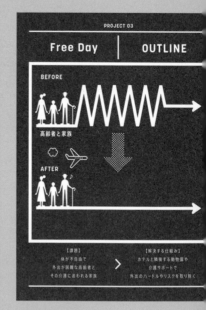

老年人的多樣化生活圖解

為高齡化社會提出創意解法的展覽會所做的面板設計。介紹了老年人活躍的台灣做法，並將過程可視化。根據展覽會的特性，特意用簡單又強烈的方式來取代細節介紹。

LIFE IS CREATIVE展 2019〔活動設施營運 Event facility management〕
CL：KIITO設計與創意中心 神戶　AD：寄藤文平　D, I：濱名信次
SB：Beach

PROJECT 06

不老騎士 | OUTLINE

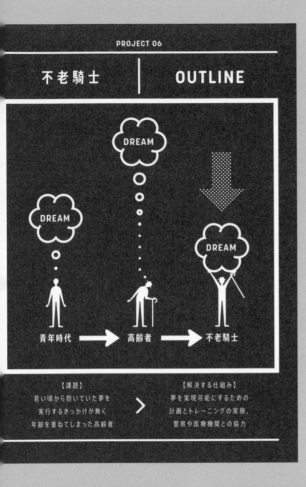

【課題】
若い頃から抱いていた夢を
実行するきっかけが無く
年齢を重ねてしまった高齢者

>

【解決する仕組み】
夢を実現可能にするための
計画とトレーニングの実施、
警察や医療機関との協力

PROJECT 06

不老騎士 | 5 STEPS

1 高齢者の「老い」のイメージを変えるプログラムづくり

2 企業や警察、医療機関との協力体制を構築

3 13日間の台湾一周バイク旅を開催

4 継続して様々なプランで開催
台湾縦断　台湾横断

5 夢応援プログラムの企画スキームを確立
BASEBALL　ACTOR

PROJECT 03

Free Day | 5 STEPS

1 宿泊施設と観光施設を隣接するなど移動のハードルを下げた拠点を作る

2 コミュニケーションツールや介護サポートなどを準備
GUIDEBOOK　SUPPORT

3 ガイドブックや介護サポートで安心してツアーに参加

4 介護スタッフが宿泊をサポート

5 帰宅後はツールで思い出を共有

PROJECT 04

食憶 | OUTLINE

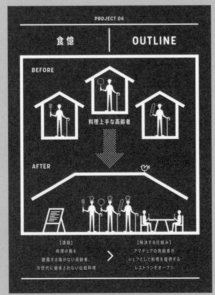

BEFORE
料理上手な高齢者

AFTER

【課題】
料理の腕を
披露する場がない高齢者。
次世代に継承されない伝統料理

>

【解決する仕組み】
アマチュアの高齢者が
シェフとして料理を提供する
レストランをオープン

PROJECT 04

食憶 | 5 STEPS

1 シェフを募集。料理はもちろん、経歴や物語を聞いて採用を決定

2 営業日とメニューをシェフファーストで決定

4 買い出し、仕込み

3 WEBで予約、メニューは当日までひみつ！

5 お店をオープン

新裝修美屋圖解

建齡約40年的老公寓翻新建案。重新思考結合「工作」與「生活」的現代版住屋，實現了在工作中生活，在生活中工作的空間。作品以生動的筆觸表達了個人可自由選擇生活形態的模樣。

欅之音terrace宣傳冊〔不動產業Real estate〕
CL：佳那榮商事　I, SB：野口理沙子+一瀨健人（isnadesign）
D：富岡克朗　企畫・不動產：studio DEN-DEN　建築設計：Tsubamesya建築設計

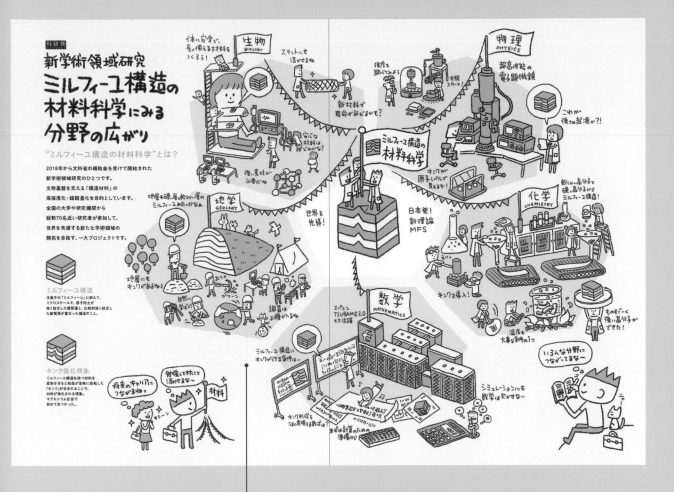

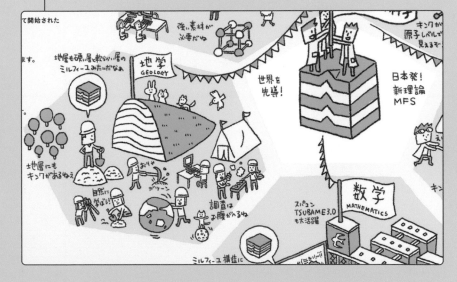

圖解新學術研究領域

這是為高中生設計的傳單，以簡單、平易近人的方式解說難懂的
研究專題，試圖從報導個人遠景的觀點，創作出傳達研究樂趣，
讓人忍不住想要一覽的版面。

從千層結構(mille-feuille structure, MFS)的材料科學中看見物質理工學院材料系 完整
REPORT
〔政府機關 Government ministry〕

CL：日本文部科學省 科學研究費補助金 新學術領域研究「千層結構的材料科學」課題題號18H05481
CD, D：森 葉子　I：中尾仁士　製作人：礒部志保　DF：studio L / studio R

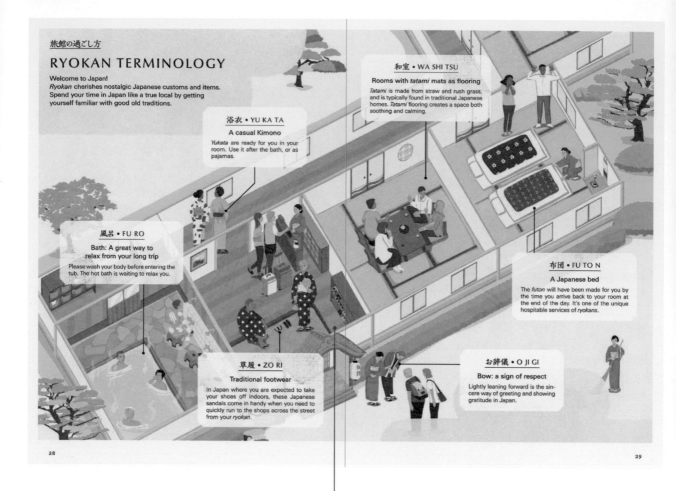

旅館の過ごし方

RYOKAN TERMINOLOGY

Welcome to Japan!
Ryokan cherishes nostalgic Japanese customs and items.
Spend your time in Japan like a true local by getting
yourself familiar with good old traditions.

和室 • WA SHI TSU

Rooms with tatami mats as flooring

Tatami is made from straw and rush grass,
and is typically found in traditional Japanese
homes. *Tatami* flooring creates a space both
soothing and calming.

浴衣 • YU KA TA

A casual Kimono

Yukata are ready for you in your
room. Use it after the bath, or as
pajamas.

風呂 • FU RO

**Bath: A great way to
relax from your long trip**

Please wash your body before entering the
tub. The hot bath is waiting to relax you.

布団 • FU TO N

A Japanese bed

The *futon* will have been made for you by
the time you arrive back to your room at
the end of the day. It's one of the unique
hospitable services of *ryokans*.

草履 • ZO RI

Traditional footwear

In Japan where you are expected to take
your shoes off indoors, these Japanese
sandals come in handy when you need to
quickly run to the shops across the street
from your *ryokan*.

お辞儀 • O JI GI

Bow: a sign of respect

Lightly leaning forward is the sin-
cere way of greeting and showing
gratitude in Japan.

28

29

浴衣 • YU KA TA

A casual Kimono

Yukata are ready for you in your
room. Use it after the bath, or as
pajamas.

以外國人為導向，介紹在旅館的消遣活動

把日本特有而外國人難以理解的「在旅館的消遣活動」，即禮儀、場所和各種設
施等視覺化，達到用一張圖就能一目了然的目的。

TOKYO旅館品牌建構「東京旅館手冊」〔旅館協會　Ryokan (inn) association〕
CL, SB：日本旅館協會 東京都支部　CD：關根 唯（spicebox）　AD：兒島 彩（YMSKKJM）
I：龍神貴之　編輯：小林昂祐　製作人：佐藤萌花（spicebox）/ 關 泰介（euphoria factory）

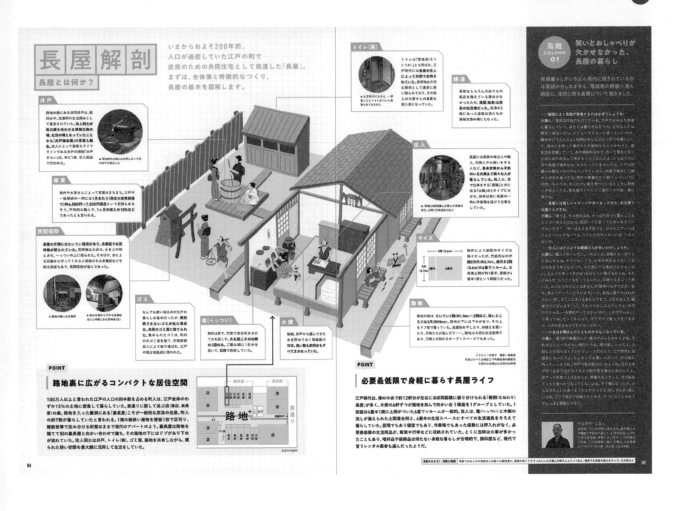

解剖長屋 什麼是長屋？

此為宣傳東京都台東區魅力與文化藝術的免費刊物。用平易近人的
插圖簡單描繪出江戶時代庶民集合住宅的「長屋」全景，並用指引
線解說其結構的特殊之處。

台東文化宣傳誌《台東鳥瞰》〔地方政府 Local government〕
CL, SB：台東區文化產業觀光部文化振興課　I, SB：石 明子

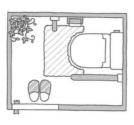

横幅が広い
真四角なタイプ

横幅を広く取れる場合のオーソドックスな形。便器の配置も入り口に対して横向きにするなどバリエーションがもてる。入り口を広く取ればバリアフリーな設計にしやすく、小物や備品を置くスペースにもなる。

シンプルな
便器のみタイプ

入り口の正面に便器が設置されている最も一般的なタイプ。省スペースでつくることができるというメリットがある。ただし空間の横幅がないと付帯設備をつけられないことも。便器の裏側にも入りづらく掃除がしづらいので注意を。

トイレと浴室が
一緒になったタイプ

欧米では一般的な浴室と一緒になったタイプ。洗面室と一緒のケース同様、スペースとコストを省ける。風呂に長く入ることが多い日本の場合は家族の生活時間帯も考えたいが、1カ所で朝の準備などを済ませられる便利さも。

小と大のトイレが
別なタイプ

掃除を頻繁にしなくてよい便器が普及するとともに、使い勝手の良さから最近一般家庭でも取り入れられるようになってきた。家族や来客が多い場合は重宝することも。大便器と小便器の間は使い方によって仕切るかどうかを決めたい。

トイレと洗面室が
一緒になったタイプ

トイレと洗面室を同じ空間にすることで、トイレの壁と扉をつくらない分、省スペース、省コストになる。ただし、洗面とトイレを同時に2人で使うのが難しい分、家族が多い場合は注意が必要だ。もう一つ独立したトイレをつくるケースも。

履きたい靴が
すぐに
取り出せな

行き場のない
小物が部屋の
あちこちに

バタつく毎
暮らしに合
解消できる

廁所設置方式／消除壓力的收納指南

此為住房雜誌裡的頁面。在「廁所設置方式」的部分，用紅藍兩種柔和的色調來說明如何在自建屋裡打造理想的廁所空間。在雜誌特輯第一個對開頁介紹之「消除壓力的收納指南」，用類似空間平面圖的插畫圖示來說明跟收納有關的壓力和場景，目的在於引發讀者共鳴。

HOUSING by SUUMO 〔資訊服務 Information service〕
CL：Recruit　SB：Recruit住宅公司
「消除壓力的收納指南」 D：館森則之（module）　I：Shunsuke Satake　撰文：木內秋

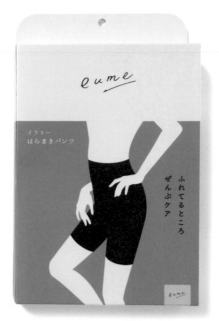

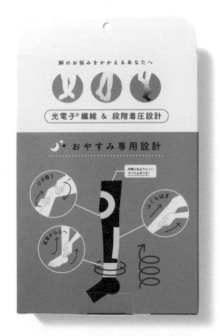

美體用品的效果與使用方式

身體護理產品的包裝。簡單的插圖示意了商品可使用於身體的哪個部位。特意縮小產品名稱，放大突顯插圖的做法，能確保不管在任何時間、場所和場合都能一目了然。

eume系列包裝
〔保健用品生產・銷售 Health care products manufacturing／sales〕
CL, SB：Evelist　D：大齒遊子

HOT SANDWICH BAKER "gooood"

ボリュームたっぷりなホットサンドや、分厚くじゅわっと、あまい匂いのフレンチトースト。
その日の気分でサンドして、毎日の食卓をもっと楽しく、もっと美味しく。

トマト　　　　　　エッグ

ミミまでおいしく
食パンのミミを切らずに
そのままおいしく焼ける、
ゆとりのあるプレートサイズ

約1.6cm
約1.6cmの深型プレート
具材をたっぷりはさめる深型プレート。
厚切りバケットの
ふわとろフレンチトーストにも

お手入れかんたん
取り外し可能なプレートで
お手入れがしやすく、
電源スイッチ付きで取扱いも安心

広がるメニュー
トーストやサンドだけでなく、
イングリッシュマフィンも焼けるので
朝食のバリエーションも楽しめる

ELECTRIC D

トップバリスタ監修。細口ノズ
味と香りにこだ

注ぎやすく、持ちやすい
ハンドドリップの
しやすさにこだわった、
細口ノズル形状とハンドルの角度

お好みの温
50℃
50～10
1℃刻みで調節
お好みの温度

監修：向山 岳（バリスタ・焙煎士）
元BLUE BOTTLE COFFEE JAPAN初代リードバリス
現在は独立し、ドリップセミナー開催やカフェのコンサ

廚房家電的解說圖

這是一本表達品牌希望創造簡單易用、永不過時的生活
家電產品型錄。採用簡單的資訊編排整理，讓人易於從中
感受生活場景，了解產品規格。

Vitatonio產品型錄KITCHEN APPLIANCES CATALOG
（家庭電氣化產品銷售 Home appliances sales）
CL：ZELIC Corporation　CD：宮城直士　AD, D, I：前田健治
總監：篠原圭子　P：芹澤信次 / 原田康雄　CW：前出明弘
造型師：石黑綾　食物：totto　DF：mem　SB：C.REP

LE "ACTY"

なバランスを備えたドリップケトル。
温度調節機能付き。

30分保温機能付き

バリスタモード

30分
保温

設定温度に到達したら
30分保温がつづく。
その後は自動的に電源がオフ

ケトルをベースに戻すと
設定温度に再加熱し始めるので
こだわり派にもおすすめ

ち上げメンバーとして活躍。
自ら焙煎所を立ち上げるなど、コーヒー全般に従事している。

MY BOTTLE BLENDER

SET・PUSH・DRINKの3ステップで、操作がとってもかんたん。
ボトルのまま飲めて、手軽に持ち運べるから、おでかけにも。

付属品

ミル付き

押すだけのかんたん操作

ボトルに食材を入れてセット。
あとは押すだけの
3ステッププッシュ式

40sec
Auto stop

約40秒で自動停止

自動回転するロック機能付きで
約40秒後には自動停止

**ボトルのまま
持ち運びできる**

保存用キャップを使えば、
持ち運びや保存に便利

**ウエット＆ドライの
2WAYミル付き**

乾物の粉砕から
ドレッシングづくりに
使用できる

Braun Styling Series Line Up
ブラウン スタイリングシリーズ ラインナップ

	ヒゲトリマー BT7240	ヒゲトリマー BT5065	ヒゲトリマー BT3242	ヘアーバリカン HC5030	ヒゲトリマー BT3221	マルチグルーマー MGK3221	マルチグルーマー MG5050	エチケットカッター EN10
使用用途	ヘアー・ヒゲ用	ヘアー・ヒゲ用	ヘアー・ヒゲ用	ヘアー用	ツーブロック・ヒゲ用	ツーブロック・ヒゲ・鼻・耳用	ヒゲ用	鼻・耳用
調整可能な長さ	0.5mm-20mm	0.5mm-20mm	0.5mm-20mm	0.5mm-35mm*1 *1 0.5mm、3-35mm	0.5mm-10mm	0.5mm-21mm*2 *2 0.5mm、1mm、2mm、3-21mm	1.2mm-6mm*3 *3 1.2mm、2.8mm、4.4mm、6mm	—
調整段階／単位	39段階／0.5mm	39段階／0.5mm	39段階／0.5mm	17段階／3mm	20段階／0.5mm	13段階／2mm	4段階／1.6mm	—
キワゾリ用ヘッド	●	—	—	—	—	—	—	—
シェービング用ヘッド	●	●	—	—	—	—	—	—
鼻・耳トリミング用アタッチメント	—	—	—	—	—	●	—	—
専用アクセサリー	充電スタンド ポーチ クリーニングブラシ ジレット+交換用替刃	クリーニングブラシ ジレット+交換用替刃	クリーニングブラシ ジレット+交換用替刃	クリーニングブラシ シェーバーオイル	クリーニングブラシ	クリーニングブラシ	クリーニングブラシ	単3形アルカリ電池1本
使用時間目安*4	100分(フル充電の場合)	100分(フル充電の場合)	80分(フル充電の場合)	50分(フル充電の場合)	50分(フル充電の場合)	50分(フル充電の場合)	30分(フル充電の場合)	60分(単3形アルカリ電池1本使用)
充電時間	1時間	1時間	8時間	8時間	8時間	10時間	1時間	乾電池式
充電・交流式	充電・交流式	充電・交流式	充電・交流式	充電・交流式	充電式	充電式	充電・交流式	—
まるごと水洗い	●	●	●	●	●(刃・アタッチメントのみ)	●(刃・アタッチメントのみ)	●	—
人工知能	●	●	—	—	—	—	—	—
PROブレードテック	●	●	—	—	—	—	—	—

*4 但し、ひげの濃さや温度環境等により短くなることがあります。保管・使用温度は15～35℃です。

21 22

BT7240 ヒゲトリマー／電動バリカン
毛詰まりがより少ない、上質なスタイリング体験

BT3242 ヒゲトリマー／電動バリカン
手軽で小回りがきく、スタイリング体験

刮鬍刀用途表

基於認為有必要以一種直覺的方式來傳達刮鬍刀和毛髮修剪造型器功能的想法，用圖示和顏色來顯示不同機種適用的身體部位。

2019年百靈產品型錄
（綜合消費財製造商Consumables manufacturer）
CL, SB：P&G Japan　Senior Brand Manager：松本恭兵

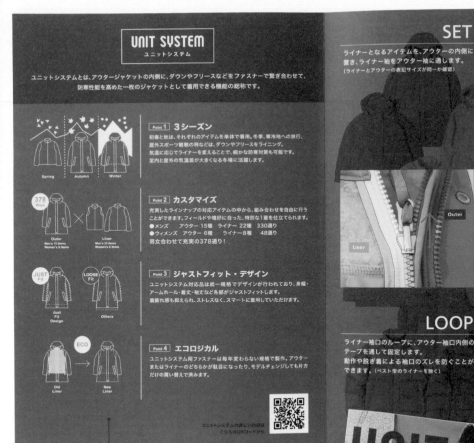

UNIT SYSTEM
ユニットシステム

ユニットシステムとは、アウタージャケットの内側に、ダウンやフリースなどをファスナーで繋ぎ合わせて、防寒性能を高めた一枚のジャケットとして着用できる機能の総称です。

Point 1　3シーズン

初春と秋は、それぞれのアイテムを単体で着用。冬季、寒冷地への旅行、屋外スポーツ観戦の時などは、ダウンやフリースをライニング。気温に応じてライナーを変えることで、細かな防寒対策も可能です。室内と屋外の気温差が大きくなる冬場に活躍します。

Spring　Autumn　Winter

Point 2　カスタマイズ

充実したラインナップの対応アイテムの中から、組み合わせを自由に行うことができます。フィールドや嗜好に合った、特別な1着を仕立てられます。
● メンズ　　アウター 15種　ライナー 22種　330通り
● ウィメンズ　アウター 6種　ライナー 8種　48通り
男女合わせて充実の378通り！

378 Ways

Outer
Men's 15 items
Women's 6 items

Liner
Men's 22 items
Women's 8 items

Point 3　ジャストフィット・デザイン

ユニットシステム対応品は統一規格でデザインが行われており、身幅・アームホール・着丈・袖丈など各部がジャストフィットします。着膨れ感も抑えられ、ストレスなく、スマートに着用していただけます。

JUST Fit　　LOOSE Fit

Just Fit Design　　Others

Point 4　エコロジカル

ユニットシステム用ファスナーは毎年変わらない規格で製作。アウターまたはライナーのどちらかが駄目になったり、モデルチェンジしても片方だけの買い替えで済みます。

ECO

Old Liner　　New Liner

ユニットシステムの詳しい内容は
こちらのQRコードから

SET

ライナーとなるアイテムを、アウターの内側に置き、ライナー袖をアウター袖に通します。
（ライナーとアウターの表記サイズが同一か確認）

Outer
Liner

ZIP

アウターの内側にあるユニットシステム用ファスナーに、ライナー側のフロントファスナーを繋ぎ、一番上まで引き上げます。

Outer
Liner

LOOP

ライナー袖口のループに、アウター袖口内側のテープを通して固定します。動作や脱ぎ着による袖口のズレを防ぐことができます。（ベスト型のライナーを除く）

Outer
Tape
Liner

Spring　　Autumn　　Winter

UNIT SYSTEM
Build it Yourself
Set
Zip
LOOP

Foxfire

戶外服飾的機能說明

試圖用關鍵字和圖解的方式，簡單傳達豐富的資訊。插圖連帶引發消費者「與趣」之外，也更容易傳達季節和穿著舒適性等感受性資訊。

Foxfire保暖衣「UNIT SYSTEM」的促銷傳單（2019年版）
（戶外用品製造·銷售 Outdoor equipment manufacturing／sales）
CL, SB：Tiemco　CD：松下洋平（Tiemco）　DF：OFFICE I-rie

21 【饸饹面】 白条面／高粱面 他×压制法 ×长圆条×煮制法	**22** 【疙瘩汤】 蛋黄面×揪撕法 ×粒状×煮制法
23 【抿蝌蚪】 その他（豆面）×压制法 ×粒状×煮制法	**24** 【面皮】 白条面 他×擀切法 ×长薄条×蒸制法
26 【玉米面饼】 玉米面×揪撕法 ×その他×煎制法	**27** 【ビャービャー面】 白条面×擀切法 ×长扁条×煮制法
28 【定襄蒸肉】 肉松面×その他 ×その他×蒸制法	**29** 【馒头】 その他×その他 ×その他×蒸制法
31 【麻花】 白条面×拉神法 ×その他×炸制法	**32** 【剪刀面】 白条面×削制法 ×粒状×煮制法
33 【包皮面】 白条面／高粱面／玉米面 ×擀切法×长扁条×煮制法	**34** 【刀拨面】 白条面×擀切法×长扁条 ×煮制法×蒸制法
36 【炒疙瘩】 白条面×擀切法×粒状 ×煮制法×煎制法	**37** 【莜面炖炖】 燕麦面×揪撕法 ×その他×蒸制法
38 【麻食】 白条面 他×揪撕法×猫耳状 ×蒸制法／煎制法	**39** 【伊府面】 全蛋面×擀切法×长扁条 ×煮制法×炸制法

麵的種類

気虚

身体を動かしたり、守ったり、食事を消化したりするときに必要な「気」が足りていない状態。

【症状】疲れやすい／元気や気力がない 食欲がない／風邪をひきやすい

補中益気湯

人参　甘草　黄耆　白朮　大棗

朝鮮人参とナツメを配合した「気」を補う漢方薬。胃腸が弱り、元気や気力がない、疲れやすい、体力が落ちている、風邪が治りきらないときに効果あり。胃下垂や不正出血、尿失禁で困ってる方にもおすすめ。

四君子湯

「気虚」に使う基本のような漢方薬。胃腸

気滞

「気」は足 身体の ると巡 「気」の しまっ

【症状】げっぷや お腹が張

ストレス ラ感や憂 身体的な の張りを を原因と 経不順な

青皮

ストレスに

中醫和漢方圖解

中國食品百科全書

在頁面左右側裝飾性的排版方式除了突顯中國風之外，插圖的細節也很講究。採簡單的設計與配色，達到大量資訊也能輕鬆閱讀的效果。

TRANSIT46號「中國食品百科全書」　〔編輯製作 Editing & production〕
CL, SB：euphoria factory　AD：尾原史和（BOOTLEG）　DF：BOOTLEG
I：泰間敬視
撰文：于 亞 / 杉本格朗　協力採訪：茶泉　編輯, 文：福田香波（TRANSIT編輯部）/
山口優希（TRANSIT編輯部）　編輯：津賀真希（TRANSIT編輯部）
P（封面）：佐藤健壽　編輯（封面）：林 紗代香（TRANSIT編輯部）

「気（き）」のトラブル

気逆

本来、上から下へ
流れるはずの「気」が、流れに逆らって逆流することで、体の回路が混線して湯気が出るような状態。

【症状】
咽喉部のつまり
げっぷやしゃっくりが出る／吐き気

蘇子降気湯

紫蘇子
前胡　　半夏
厚朴　　陳皮

普段から、ストレスで興奮したりのぼせやすい人、逆に身体が冷えやすい人、咳や痰、胸苦しさ、息苦しさがあったり、呼吸がスムーズにできない人におすすめの漢方薬。気管支炎やぜんそく気味の人にも用いる。

半夏厚朴湯

不安感や緊張感、ストレスがあり、喉元に

（左端欄外）イライ
…すめ。
…胸脇部
…「気滞」
…痛、月

気が巡

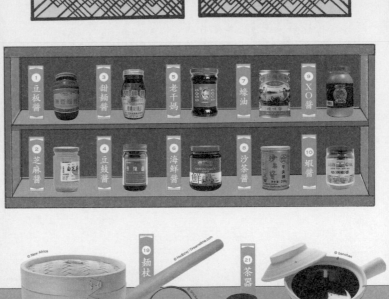

1 豆板醤　3 甜麺醤　5 老干媽　7 蠔油　9 XO醤
2 芝麻醤　4 豆鼓醤　6 海鮮醤　8 沙茶醤　10 蝦醤

17 蒸籠　18 竹筅帚　19 麺杖　20 茶壺　21 茶器　22 砂鍋

17【チョンロン】
お湯を入れた鍋の上にのせて蒸す茶籠。蓋の上部から湯気に熱気が漏れ、しずくが溜まって料理などに落ちないよう設計されている。小型の茶籠は食卓にそのまま出せる。

18【ジューシェンジョウ】
鍋の中華鍋を洗うときに使うのが、竹のブラシ・竹ささら。しつこい汚れや焦げ付きを洗い落とし、鍋の種類に必要な加分は残しておくことができる。

19【ミエンジャン】
麺や餃子の生地を薄く（カーピ）延ばすための、木製の棒状い棒で作られた調理具。自分のものから数cmのものまで、麺杖の大きさや太さの種類は豊富。

20【チャーフー】
お茶を淹れるときに欠かせないやかんは、職人による手作りのものも多く、さまざまな金属が使用されている。銅製は熱伝に適し、鉄製・抗菌作用が高い人気が高い。

21【チャーチー】
日本茶でいう急須が茶器と茶杯は、日本のものより小ぶり。お茶の種類によっては、茶器のお茶を均一に分けるため小型のピッチャーのような茶海を使う。

22【シャーグオ】
砂鍋には中国で採れる陶器系の土鍋で、東北の土やヤスブなどの料理の器に。一人用の小さなものから、大平鍋配、日本の土鍋のような形状のものもできます。

廚房調味料與道具

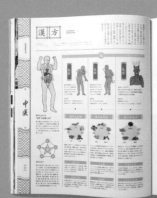
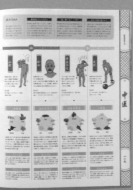

JIÃOZI

餃子

餃 子

DUMPLING

于 亜＝文
text = YU YA

う・あ●大手前大学現代社会学部教授。文化地理学を専門に、
餃子をはじめとする中国の地域ごとの食文化を研究している。

餃子は中国人のソウルフ
ード。大都会から辺境の
村まで餃子が食されてい
る。皮で餡を包むという
ベースは一緒だけど、各地
方の食材に合わせてアレ
ンジが利くことが、全土で
愛される理由。小麦粉の
皮を使う北部ではモチモ
チの水餃子、炒め物好き
な上海界隈では焼き餃子、
米粉を多用する南部では
軽い食感の蒸し餃子……
といった特色も、そのまま
中国人一人ひとりの郷土
の味になっている。

地方色々

中国では水餃子が基本だけど、地方によって茹でたり、蒸したり、揚げたり、スープ
に入れたり、具材や味も千差万別。31行政区の自慢のご当地餃子をとくとご覧あれ！

水…水餃子　焼…焼き餃子　蒸…蒸し餃子
揚…揚げ餃子　ス…スープ餃子

《 西北 》
寒い西北地方では、熱々に茹でた水餃子や
具沢山な汁に浸かったスープ餃子が見られる。

① 【新疆ウイグル自治区水餃子】水
新疆は、唐の時代の王墓から餃子の化石が発見されるほど、
昔から餃子を食してきた地域。新疆人は羊好きで、餡には羊
肉と玉ネギがたっぷり入っている。

② 【内モンゴル自治区水晶餃子】蒸
山芋やジャガイモ粉の皮が透けて餡が見えるため、水晶餃
子と呼ばれる美しい餃子。餡は羊肉、ニンジン、ネギ、生姜、
山椒、八角、ウイキョウ、ゴマ油入り。

③ 【寧夏回族自治区スープ餃子】ス
羊肉、ホウレンソウ、キクラゲ、トマト、揚げポテト、パクチー、
生姜、ニンニクが入っていて具沢山な、酸っぱ辛くて身体があっ
たまるスープ餃子。

④ 【陝西酸湯水餃子】ス
辛くて酸味がありスッキリとした豚肉のスープ餃子。皮が
薄くて餡多め。餃子の具には、牛肉、ニラ、干しエビ、ノリ、
パクチー、白ゴマを使っている。

⑤ 【甘粛馬鈴薯水餃子】水
寒冷な地方でもよくとれるジャガイモをメインにした、素朴
な味わいが魅力の餃子。そこに味噌、料理酒、卵、塩、ゴマ油、
胡椒などで味つけしている。

⑥ 【青海餃子】水 蒸
青海は水餃子が主流だが、蒸し餃子もよく食べる。餃子の
皮は、やわらかくてふためがよい。麦の穂のように包んだ
タイプが多く、餡にはニラが入っている。

《 西南 》
四川や貴州など辛い物好きな地域では、
ツケダレに香辛料を効かせた旨辛餃子が好まれる。

⑦ 【チベット餃子】水 蒸
地元の小麦粉を使った皮は、
むっちりとしていて肉厚。餡は
ヤクのひき肉や野菜が中心だ。
唐辛子が入った味噌ダレで食べ
る蒸し餃子タイプが多い。

⑧ 【四川鍾水*餃子】水
唐辛子のタレをかけた四川らし
い水餃子。豚肉、生姜、パクチー、
ダイウイキョウ、黒砂糖、白ゴマ、
山椒、胡椒、ゴマ油、ニンニク入
りの豊かな味が魅力。

*四川風餃子発祥の店
（鍾水館）より

⑨ 【重慶焼き餃子】焼
豚肉、鶏肉、シイタケの具材に、
塩、カキ油、醤油、白砂糖、黒胡
椒で味つけして薄皮で包んだ一
品。口に含んだときに、じゅわっ
と広がる濃い肉汁がたまらない。

⑩ 【貴州水餃子】水
「酸味」な味つけを好む貴州らし
く、唐辛子、酢、ニンニクが効い
たタレが美味。中身の具材には、
豚バラ肉、セロリ、ネギ、卵、生
姜をふんだんに使用。

⑪ 【雲南松茸水餃子】水
7月になって雲貴高原の野生の
松茸が市場で売られはじめたら、
松茸餃子の好時期。餡は松茸、
豚ひき肉、黒キクラゲに塩と白
胡椒で、風味絶佳。

《 華南 》
米粉の皮を使うことが多く、茹でると煮崩れするので
蒸し餃子が主流。サイズも小ぶりで、点心のように軽食感覚で食す。

⑫ 【福建沙県蒸し餃子】蒸
小麦粉を使ったモチモチの蒸し
餃子。餡はキャベツ、ニンジン、
豚バラ肉、シイタケ、卵、ネギ、塩、
醤油を使用。ひだの多い独特な
包み方をする。

⑬ 【湖南焼き餃子】焼
餡の具材は豚肉、ニラとシンプル
だが、タレにこだわりアリ。醤油、
海鮮の味噌、カキ油などの12〜
14種類の調味料を混ぜたツケダ
レでいただく。

⑭ 【広東揚げ餃子】揚
飲茶の定番、蒸したエビ餃子も人
気だが、特徴的なのが揚げ餃子。
新年に欠かせない点心。ヤシ
の繊維、落花生、白砂糖、白ゴマ
を混ぜた餡が入った甘口餃子。

⑮ 【広西チワン族自治区南寧蒸し餃子】蒸
南部の広西チワン族自治区は果物が豊富。米粉の皮の中に、
豚肉と爽やかな香りのクログワイ（地梨）が入っている。
黄杷（柑橘の果物）のまろやかなタレをかけて食す。

⑯ 【海南揚げ餃子】揚
海南省文昌市の有名な軽食の一つ。小麦粉、卵、ラ
ードを使った皮で、炒めた落花生やゴマ、白砂糖の餡
を包む。口あたりがよく香気が濃厚。

節目に餃子

餃子は日常食でありながら、皮で具材を一つひとつ包むというひと手間がかかっていることから、人生の節目に欠かせない家庭料理でもある。中国人と餃子の親密な関係を見ていく。

春節　ハレの日の料理として春節に家族揃って食べる地域が多い。いくつかの餃子に小銭を入れて当たった人は一年が幸運になるという習慣も。北部では餃子を大量に作って屋外で自然冷凍、冬のちょっとした保存食にしている。

結婚　北部では、新婦の母が作った餃子を嫁ぎ先への手土産にして、新郎の家で一緒に食べる習慣がある。また「生まれる」の文字にかけて子宝に恵まれるようにと、初夜に新郎新婦が寝室で「半生」の餃子をかじる儀式もある。

誕生日　中国では誕生日に縁起のいい食べ物ということで、麺や餃子を食べることが多い。麺は長生きをするために、お財布のような半月の形をした餃子はお金に困らないために、という意味が込められている。

旅　新疆と並んで餃子発祥の地とされる山東省では、家族の誰かの旅立ちの日に母親が手作り餃子を食べさせる風習がある。粉から皮を作り、肉や野菜を細切れにして、と手間暇かかった餃子は、親の思いが込められている。

【 東北 】

中国のなかでも餃子をよく食べる地域。具材には寒い地域でも育つシロ菜をたっぷり使用。

17　【黒竜江シロ菜水餃子】水
シロ菜がたっぷり入ったヘルシーな家庭餃子。餡の材料は、豚肉、シロ菜、ネギで、落花生油、ゴマ油、醤油、料理酒、塩、生姜で味つけをする。

18　【吉林酸菜水餃子】水
酸菜とは白菜の漬物をさらに発酵させたもので、中国の東北地方の名物料理。そんな酸菜と豚肉をぎゅっと詰め込んだ、酸味の効いた餃子だ。

19　【遼寧蕎麦ロバ肉蒸し餃子】蒸
内モンゴルをはじめ寒冷な東北地方は、蕎麦の産地。蕎麦粉の皮を使ったロバ肉の蒸し餃子が特徴。脂身少なく肉々しいロバ肉は一度食べたらやみつきに。

【 華北 】

小麦の産地で小麦粉をふんだんに使ったモチモチの水餃子が定番。海に近い場所では、エビや魚を入れる。

20　【河北保定焼き餃子】焼
パリッと焼いた香ばしい皮の中に、旨味たっぷりの豚肉、生姜、ネギが入った焼き餃子。醤油、味噌、ゴマ油、五番粉を使って、味つけはしっかりめ。

21　【北京大根水餃子】水
大根をよく食べる北京らしく、大根、豚肉の餡がベース。塩、胡椒、醤油、カキ油、白砂糖、ゴマ油で味つけ。一品でも栄養がたっぷりとれる。

22　【天津三鮮水餃子】水
名前にある「三鮮」とは新鮮な食材3種のこと。主には豚肉、ニラ、エビが使われる。素材の味を純粋に楽しめる、中国の定番の家庭料理だ。

23　【山西羊肉水餃子】水
羊肉の産地。とくに冬場は食卓での登場頻度が増える。ニンジンをよく食べる山西省らしく、餃子の餡には、羊肉とニンジンが入っている。

24　【山東鰆水餃子】水
沿岸にある山東省で有名なのが鰆の餃子。新鮮でさっぱりした鰆、脂身のある豚肉、ニラ、卵白、塩、胡椒汁、生姜汁で作った餃子は疑いの余地なく絶品。

25　【河南家庭水餃子】水
雲呑のように丸めこむように包んだ姿が特徴。豆腐、春雨、大根、生姜、ニンニク、ネギ、ダイウイキョウの粉、胡椒で作られた家庭的な優しい味。

【 華中 】

炒め物好きな上海を中心に、餃子も焼くタイプが人気。華北の餃子文化の影響を受けて、皮は小麦を使うことが多い。

26　【江蘇丁溝水餃子】水
長江の河口に位置し、海に面した江蘇省。地元の自慢はなんといっても水産物で、餃子にも濃厚な魚出汁を使う。餡の具材がシンプルに豚肉なのもいい。

27　【上海豚肉焼き餃子】焼
小籠包で有名な上海だが、香りよくやわらかに焼き上げた餃子も評判だ。豚肉、ネギ、卵白、塩、醸造酒、黒ゴマ、カキ油、ゴマ油が主な具材。

28　【安徽卵焼き餃子】焼
フライパンに卵液を広げて、その上に、豚肉、白菜、卵、ネギ、生姜を詰めた餃子を綺麗に並べて作る。安徽省合肥地区の伝統的な一品料理。

29　【浙江年糕蒸し餃子】蒸
餃子の皮に餅粉を使っていて、1つ250gほどと大きめ。1人1個で満腹になる。主な具材は漬け物にしたタケノコ、キャベツ、ザーサイ、ゴマ、白砂糖。

30　【湖北焼き餃子】焼
湖北人の一日はこの餃子と卵スープとともにはじまる。豚バラ肉、ニラ、ネギ、塩、醤油、白砂糖、生姜、食用油、胡椒、卵白を混ぜた焼き餃子。

31　【江西薯粉蒸し餃子】蒸
里芋とサツマイモの粉で作ったほんのり甘い皮に、豚肉、ニラ、大根の餡を包んで蒸して、唐辛子味噌をつけて食べる。大衆料理としてローカルに人気。

JIÃOZI

餃子

一〇二

筏も, 木も, 減らして吉?!
海と森をめぐる南三陸100年の計

牡蠣の密殖を解消すべく、震災をきっかけに養殖イカダを 3 分の 1 まで減らした戸倉カキ生産部会のみなさん。イカダを減らしたことにより、出荷まで 3 年かかっていた牡蠣が 1 年で育つようになったり、志津川湾内で採れなかったタネが取れるようになったりと、様々な効果がありました。どんな変化があったのか、見渡す限り 300 度を山に抱きかかえられた志津川湾をご覧ください。　文=成影 沙紀（NPO法人 東北開墾）　イラストレーション=Yone（yone.in）

オリンピックと持続可能な食べもの

2012 年のロンドン五輪以降、食材に国際的な安全証明が求められる時代になっています。ロンドン五輪では提供される食事に認証食材が "優先" され、2016 年のリオ五輪では "すべてが" 認証食材でなければなりませんでした。2020 年の東京五輪では、2016 年に発表された方針に「加工食品については、"可能な限り優先的に" 調達することとする」という記載があることや、「認証を受けた水産物 "以外" を必要とする場合は」という事項が設けられるなど、その甘さが目立つとも言われています。日本では認証を取得している生産者がまだ少ないため、このような結論に至ったとも言われていますが、あなたはこの判断をどう思いますか？

ASC 認証の海

ASC の養殖認証とは、牡蠣や帆立といった二枚貝、鮭など 8 つの魚種に対し、自然環境・労働問題などに配慮した養殖漁業をしていることを認証する国際的な制度です。「責任ある養殖のための原則と基準」に基づき、7 原則、125 項目の基準を満たしているかどうか、第三者が審査を行います。養殖によって水質や海洋を汚染しない、生態系に影響を与える化学薬品を使用しないなどの基準があります。

2016 年 4 月、戸倉カキ生産部会が日本で初めて認証を取得しました。カキ生産部会ではイカダの数を 1/3 まで減らしたり、養殖によるプランクトンの消費量を算出するなどの海水成分調査を行ったり、養殖のために必要な燃料の消費量を一定量に抑えるなどの努力を重ねてきました。

FSC 認証の森

FSC 森林認証とは、健全な森林の育成をサポートし、保護すべき森林を守るための国際的な認証制度です。「木を直接的に利用することで森を守る」という考えの元つくられた、10 の原則と 70 の基準を満たしているかどうかが審査されます。森の中の生物多様性を維持する、農薬はできるだけ使わないなどの基準があります。

東北食べる通信

志津町に降った雨は湾内に流れこむ

イヌワシ

十分に間伐された森の中では、下草が繁茂し、下草がウサギの住処になり、イヌワシがウサギを獲るという循環があります。南三陸町では、一昔前まで生息したイヌワシを呼び戻す取り組みが進んでいます。

スギ

ホテル

搬出

間伐

荒島

300円/kgようにリンクに！

変化③
ネがとれるように！

海と森をめぐる南三陸100年の計

FSC 認証を目指したワケ

2015 年 10 月、株式会社佐久をはじめとする 5 団体が宮城県で初めて、FSC 認証を取得しました。震災後、南三陸町は「自立分散型・持続可能なまちづくりを行う」という方針を打ち出しました。震災で電気・ガスなど全てのライフラインが断たれ、厳しい生活を強いられた経験から、できるだけ町の中でエネルギーを自給し「持続可能」に「自立」していこうという考えから生じたテーマでした。「これを本当に実現させるには山側で FSC を取らないと嘘になる」という想いで、認証取得へ動き出したのでした。実は、FSC と ASC の両方を取得した市町村は世界中で南三陸町ただひとつなのです。

野島

④
若者が増えた！！

魚つき林

昔から漁民の間では海の近くの森は魚を引き寄せると言われ、海岸沿いの森は神社を設けるなどして守られてきました。今では、土砂の流出防止や、植物性プランクトンの供給などの役割が科学的に証明されており、法律で魚つき保安林と指定されています。

A B C D

南三陸之海洋與森林的 百年大計

此為飲食通信雜誌的東北版。用插圖說明了311震災後南三陸志津川灣內牡蠣養殖業的努力與變化。300度環山的志津川灣地形圖直覺性點出了當地生產活動的場所與效果。

東北飲食通信 2018年2月號 插圖頁
（非營利法人 Non-profit organization）
CL：東北開墾　AD, D, P：玉利康延（etupirka）
CW：成影沙紀　I, SB：米村知倫（Yone）

單棘魨的7大主張／探索佐伯的漁業歷史／屋形島後藤家和其友人

這是一本介紹佐伯市豐富飲食文化且附贈食物的雜誌。用插圖介紹當地代代相傳的漁業歷史和高貴海扇蛤、單棘魨等食材，讀來生動有趣。

佐伯‧海部飲食通信 插圖頁　　〔食品製造加工 Food manufacturing / processing〕
CL：BASE　 D, I, SB：米村知倫（Yone）　 CW：平川 攝（佐伯海部飲食通信）
編輯：佐伯海部飲食通信

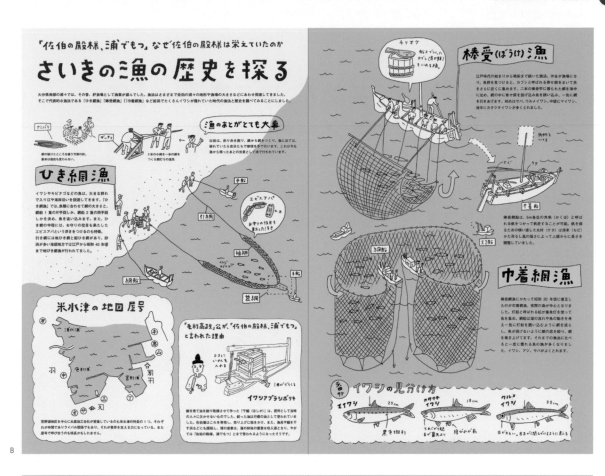

耕し、つくって、収穫して「笑平でこぼこ農園」の1年
紀陸家の農作業のキロク

育てる野菜は年間30品目近く、試した品種は数知れず。たくさんの農作物を育てる紀陸さんの「笑平でこぼこ農園」を見ていると、農業の難しさと大変さと、しかしそれを超えるおもしろさと奥深さに驚かされます。失敗も挑戦も、よりおいしいものを食べてもらいたい、の強い思いから。四季を肌で感じ、天候と土に向き合う1年をまとめました。

文=藤川 典良　イラストレーション=Yone（yone.in）

畑に適し…

泥まみれで楽しい笑平でこぼこ農園

は起伏に富んだ町。その個性的な土地の中に、紀
ています。その畑は土質もさまざま。同じ畑でも、
ったり、砂地だったり。当然、土質によって栽培
付けているカードを見てみると、ナスは 6 品種、
その土地に合うおいしい野菜を求めて、今も試行

紀陸さんとお話ししていると、農作業についてのアレコレよりも子どもたちの話題がよく
出てきます。点在している畑のほとんどは子どもの通学路に面しています。紀陸さんが 5
年前に引っ越してきた当初、小学校 1 年の長男が慣れない土地で学校までの 2 キロの道を
泣きながら通うのを見かね、学校まで一緒に歩いていき、そこで農家の人たちが声をかけ
てくれるようになっていきました。移住 3 年目ぐらいには地元の若い人から、「住み付いて
もう 10 年になるみたい」と思われるほど、お年寄りにもよく馴染むようになったそうです。
地域の子どもたちも、通学路から紀陸さんの軽トラックに手を振り、学校帰りに農作業を
手伝ってくれる。泥だらけになって、土に触れる生活が「笑平でこぼこ農園」にはあります。

東北食べる通信

紀陸家の農作業のキロク

10 薩摩芋

紀陸家的農業紀錄

此為飲食通信雜誌的東北版。用資訊圖
表的方式傳達在福島縣石川町這個崎嶇
不平的小鎮種植各種作物的農家「一年
來與天氣和土地為伍」的紀錄。

東北飲食通信 2018年10月號 插圖頁
（非營利法人 Non - profit organization）
CL：東北開墾　AD, D,P：玉利康延（etupirka）
CW：藤川典良　I, SB：米村知倫（Yone）

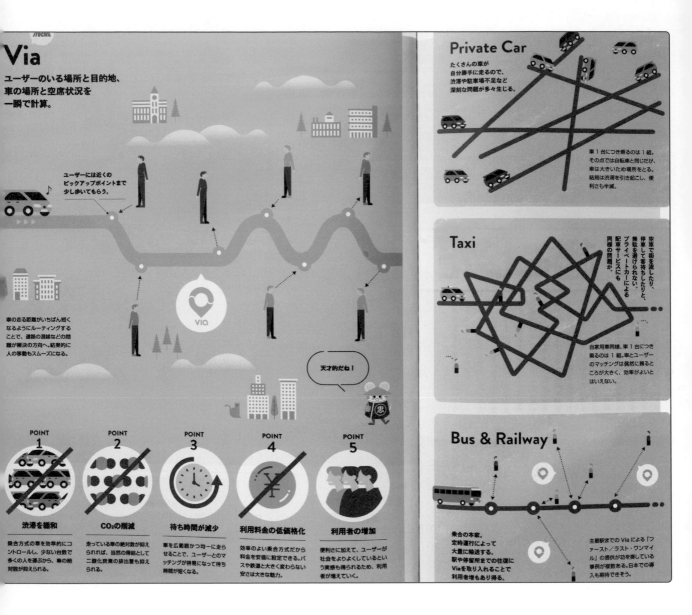

Via

ユーザーのいる場所と目的地、車の場所と空席状況を一瞬で計算。

ユーザーには近くのピックアップポイントまで少し歩いてもらう。

車の走る距離がいちばん短くなるようにルーティングすることで、道路の混雑などの問題が解決の方向へ。結果的に人の移動もスムーズになる。

天才的だね！

POINT 1
渋滞を緩和

乗合方式の車を効率的にコントロールし、少ない台数で多くの人を運ぶから、車の絶対数が抑えられる。

POINT 2
CO_2の削減

走っている車の絶対数が抑えられれば、当然の帰結として二酸化炭素の排出量も抑えられる。

POINT 3
待ち時間が減少

車を広範囲かつ均一に走らせることで、ユーザーとのマッチングが容易になって待ち時間が短くなる。

POINT 4
利用料金の低価格化

効率のよい乗合方式だから料金を安価に設定できる。バスや鉄道と大きく変わらない安さは大きな魅力。

POINT 5
利用者の増加

便利さに加えて、ユーザーが社会をよりよくしているという実感も得られるため、利用者が増えていく。

Private Car

たくさんの車が自分勝手に走るので、渋滞や駐車場不足など深刻な問題が多々生じる。

車1台につき乗るのは1組。その点では自転車と同じだが、車は大きいため場所をとる。結局は渋滞を引き起こし、便利さも半減。

Taxi

空車で街を流したり、停車して客待ちしたり、無駄を避けられない。プライベートカーによる配車サービスにも同様の問題が。

自家用車同様、車1台につき乗るのは1組とユーザーのマッチングは偶然に頼るところが大きく、効率がよいとはいえない。

Bus & Railway

乗合の本家。定時運行によって大量に輸送する。駅や停留所までの往復にViaを取り入れることで利用者増もあり得る。

主要駅までのViaによる「ファースト／ラスト・ワンマイル」の提供が功を奏している事例が複数ある。日本での導入も期待できそう。

圖解Via／圖解鮪魚

這是為了公關雜誌《星之商人》的專題報導所做的資訊圖表。Via是紐約一個按需求共乘的叫車服務，這裡用一種易於理解的方式將服務的獨到之處視覺化。「圖解鮪魚」則以插畫呈現由上而下的流程，介紹鮪魚因捕撈方式的不同，最終會以何種形態供應給消費者的情況。

星之商人 （綜合貿易公司 General trading company）

CL：伊藤忠商事　D, I：濱名信次　SB：Beach

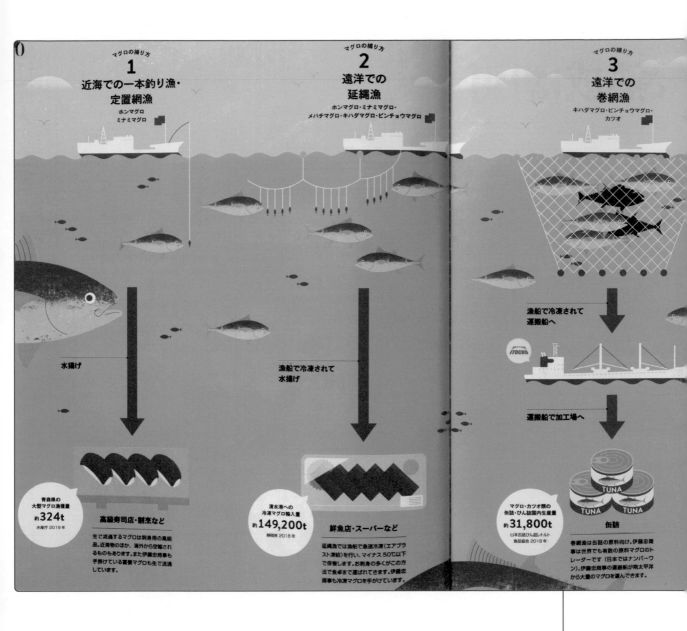

マグロの捕り方

1
近海での一本釣り漁・定置網漁
ホンマグロ
ミナミマグロ

水揚げ

青森県の
大型マグロ漁獲量
約 **324t**
水産庁 2019 年

高級寿司店・割烹など

生で流通するマグロは刺身用の高級品。近海物のほか、海外から空輸されるものもあります。また伊藤忠商事も手掛けている蓄養マグロも生で流通しています。

マグロの捕り方

2
遠洋での延縄漁
ホンマグロ・ミナミマグロ・メバチマグロ・キハダマグロ・ビンチョウマグロ

漁船で冷凍されて
水揚げ

清水港への
冷凍マグロ輸入量
約 **149,200t**
静岡県 2018 年

鮮魚店・スーパーなど

延縄漁では漁船で急速冷凍（エアブラスト凍結）を行い、マイナス50℃以下で保管します。お刺身の多くがこの方法で食卓まで運ばれてきます。伊藤忠商事も冷凍マグロを手がけています。

マグロの捕り方

3
遠洋での巻網漁
キハダマグロ・ビンチョウマグロ・カツオ

漁船で冷凍されて
運搬船へ

ITOCHU

運搬船で加工場へ

マグロ・カツオ類の
缶詰・びん詰国内生産量
約 **31,800t**
日本缶詰びん詰レトルト
食品協会 2018 年

TUNA
TUNA
TUNA

缶詰

巻網漁は缶詰の原料向け。伊藤忠商事は世界でも有数の原料マグロのトレーダーです（日本ではナンバーワン）。伊藤忠商事の運搬船が南太平洋から大量のマグロを運んできます。

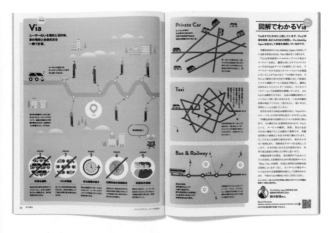

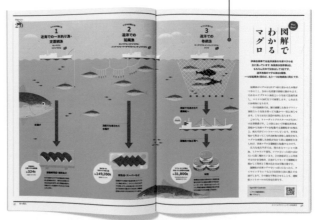

四季登山樂／登山前的檢查與登山時的危險

此為日本登山嚮導協會和日本體育振興中心國立登山研習所合作，每年發行用以啟發和普及安全登山意識的手冊。用插圖以易於理解的方式傳達登山的樂趣和注意事項等。

百萬人的山岳與自然 安全登山手冊 2020
（登山嚮導組織 Mountain guides association）
CL, SB：日本登山嚮導協會　　CD：磯野剛太
I：中村光岡　　CW：大蔵喜福／武川俊二

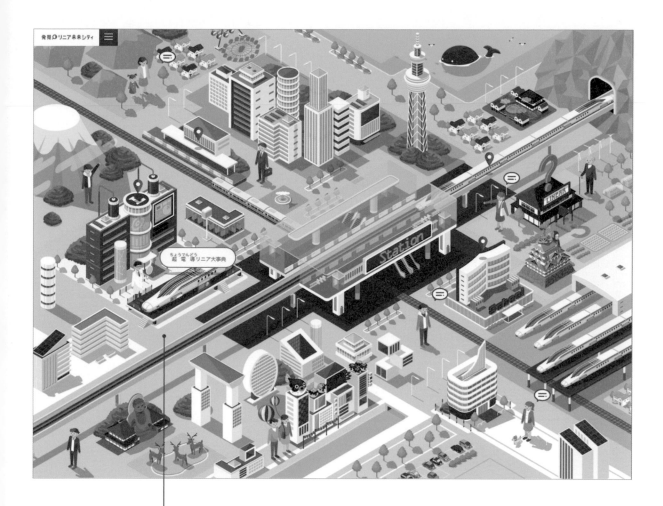

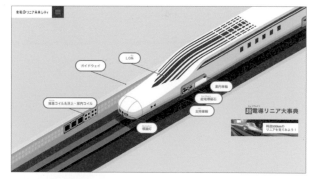

磁浮中央新幹線運作說明

作品以假想的未來城市為舞台，促進中小學生對磁浮新幹線的熟悉，進而引領他們想像未來。整體用色明亮活潑，卻又以極簡的配色簡單說明複雜的技術。

發現！磁浮新幹線未來世界 網站〔鐵路事業 Railway company〕
CL, SB：東海旅客鐵道　AD：中島正陽（博報堂Product's）
D：上野麗市（博報堂Product's Design Studio）　CW：堀部大地（博報堂Product's）
I：本間昭文　網站監製：藤大路圓繪（博報堂Product's）
網頁前端工程師：多田佳貴（博報堂Product's Design Studio）
業務執行, 商業開發, 營業：磯屋純一（博報堂）／
宗佐俊治（博報堂Product's）　動畫總監：新井博子（EMERGE）
動態設計師：Nanot／Jack（EMERGE）／June、Deaw（EMERGE）／Art（EMERGE）

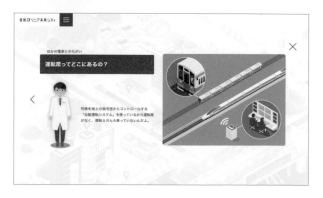

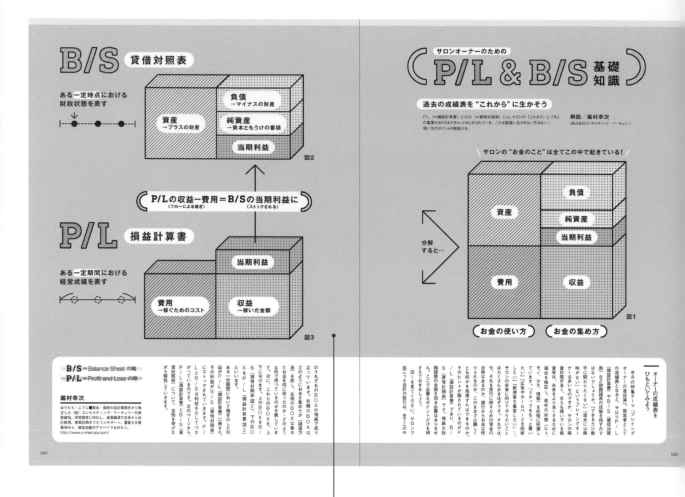

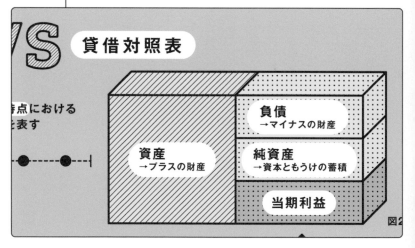

給美容院老闆看的財務報表圖解

以美容沙龍經營者為對象的雜誌內頁。利用斜線和網點裝飾的圖表以及鏤空文字形成時尚可愛的設計，柔化了財務報表艱澀難懂的印象。

美容經營計畫（2017年7月號）（出版社 Publishing）
CL, SB：JOSEI MODE SHA　AD, D, DF：氏Design　I：加納德博

KIRI TANI's 9 POINTS

はじめての株主優待で
知っておきたい9のこと

Point 1

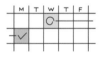

簡単に言うと、
通常の株取引は「狩猟」、
優待目的の株取引は「農耕」

Point 2

優待株は、少ない株数でも大量保有に近い
利益を受けることができる

Point 3

株主優待分を金額換算して、
配当金と合わせて利回り 4%以上のものを選ぶ

Point 4

権利確定日に株を
所有していなければ、
株主優待を受けることが
できない

Point 5

人気優待株の条件は、
①配当利回りが高い、
②株価が安い、
③優待が使いやすい

Point 7

日常生活で使うものは、
株主優待で手に入れる

Point 6

株主優待を有効に活用するために、
自分がよく使うものを選び、
使用期限に気をつける

Point 8

株主優待がきっかけで、
いままで知らなかったものにも出会える

Point 9

証券会社の口座は
複数開設して使い分ける

股東福利重點說明

身為個人投資者的桐谷廣人為投資初學者解說股東福利的重點。在字面教戰
之外也以圖解的方式說明重點，清晰網羅了多個面向。

俺的股票「桐谷流」優待股投資勸進篇（網站製作 WEB production）
CL：WEB企畫　Producer：田島輝　Planner：近藤 憲　CD：武蔵瑠美　MD：桐谷廣人
DF：Arts & Science　DF, SB：econte

飲食心理學研究室

此為專門針對單一主題做報導的免費健康資訊報。在內臟脂肪特輯裡，從飲食心理學的觀點檢驗容易使人減少或增加飲食份量的條件，並以圖解的方式說明編輯部成員實際進行研究的方法與結果。

健康圖像雜誌 〔處方藥局 Pharmacy management〕
CL, SB：AISEI藥局　CD：門田伊三男（AISEI藥局）　AD：堂堂 穰（DODO DESIGN）
D：栗原梓（DODO DESIGN）　CW：北島直子（meets publishing）／
水谷 菫 Medical Education）／土佐榮樹

集部のメンバー10人に食事をしてもらい食事の前後で体重の増加量を測定。
目は食事量が減りやすい条件、2回目は増えやすい条件のもと、3日間あけて実施した。

両日ともメンバーには「食事に関する実験」ということのみを伝え、大皿で料理を10品準備した。
ング形式でおのおのの取り皿に料理を取って食事をしてもらった。食べ物・飲み物ともにおかわりは自由。メニューは2回とも同じものを提供。

st time 食べる量が減りやすい条件

茶碗	取り皿	飲料
直径13.5cm (350ml)	直径15cm	緑茶 (200ml)

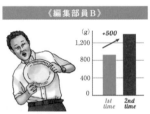

料理の食べ方	料理に刺してあったピック
一度に使えるお皿はどちらか一皿 盛れるのは1品のみ（ばっかり食べ）	食べた分をお皿に残す （食べた個数が認識できる）

2nd time 食べる量が増えやすい条件

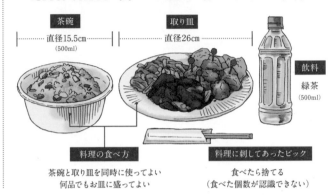

茶碗	取り皿	飲料
直径15.5cm (500ml)	直径26cm	緑茶 (500ml)

料理の食べ方	料理に刺してあったピック
茶碗と取り皿を同時に使ってよい 何品でもお皿に盛ってよい	食べたら捨てる （食べた個数が認識できない）

《編集部員A》

(g) 1,200 / 800 / 400 / +600 / 1st time / 2nd time

もおかわりに行くのが面倒だった
回目の食事では、一度にたくさん
類をお皿に盛っちゃったよ。こんな
が増えるなんて。

《編集部員B》

(g) 1,200 / 800 / 400 / +500 / 1st time / 2nd time

ばっかり食べは、少し味に飽きちゃった。
2回目は自由に食べることができたので、
飽きがこなくてずーっと食べ続けられ
そうでした。

《編集部員C》

(g) 1,200 / 800 / 400 / ±0 / 1st time / 2nd time

1回目も2回目も、いつも通り腹八分目を
意識して食べていました。私にはあまり
効果がなかったみたいですね。

《編集部員D》

(g) 1,200 / 800 / 400 / +200 / 1st time / 2nd time

飲み物は「1本」という単位で認識して
いたので、おかわりはしませんでしたが、
500mlだと無意識にたくさん飲んで
しまったみたい。

監修
坂井 信之 先生より

今回の実験では2回目の条件下での食事において、食事量が有意に増加しました。これらの条件は
アメリカで行われた心理学実験に基づいて設定したものでしたが、日本でも同じような結果が確認
されたことは興味深いです。また、この実験は効果を知っていても無意識に食事量を変化させることが
知られています。ポイントは自分で食べた量をきちんと把握するという単純なことですから、ぜひ毎日の
食事にご活用ください。手始めに、お茶碗を一回り小さいものにしてみてはいかがでしょうか？

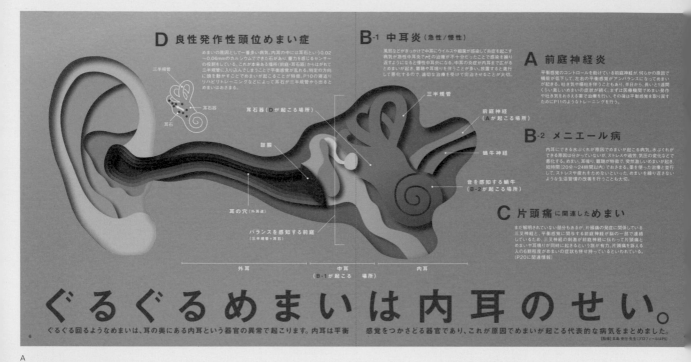

A

B

天旋地轉是內耳在作祟。／在意口臭的一天……

此為專門針對單一主題做報導的免費健康資訊報。在關於暈眩的特輯裡圖解耳內構造和病灶，在口腔問題特輯裡也以圖文並茂的方式說明一天內容易發生口臭的時段，形成一眼就能引發興趣的版面。

A

B

健康圖像雜誌 〔處方藥局 Pharmacy management〕
CL, SB：AISEI藥局　CD：門田伊三男（AISEI藥局）　AD：堂堂 穰（DODO DESIGN）
D：船田彩加（DODO DESIGN）　栗原梓（DODO DESIGN）　CW：北島直子（meets publishing）／
水谷 董（Medical Education）／只野麻里子／土佐榮樹　髮裝：得字真紀（nude.）　造型師：高山良昭

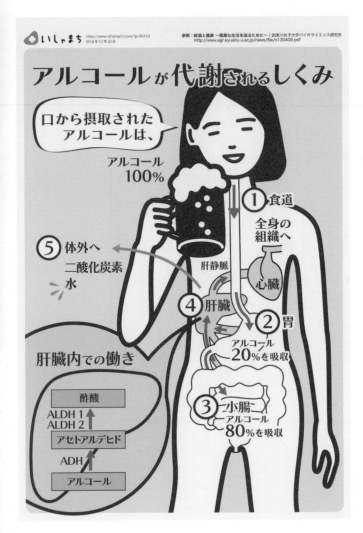

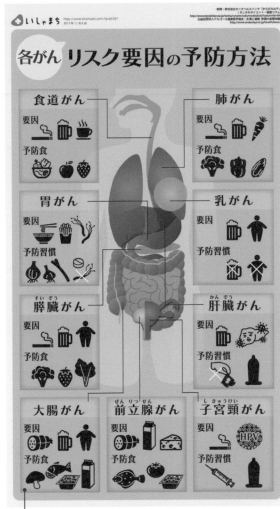

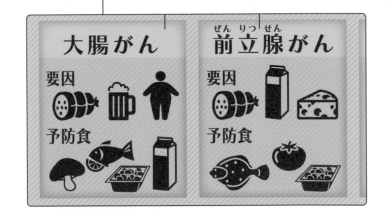

酒精的代謝／各種癌症風險的預防方法

這是為了強化對網站文章理解程度而創作的圖，重點在於不需放大即能用
手機觀看，提供正確資訊的同時也能引人發笑。

家庭醫療資訊 Ishamachi網站 （資訊服務 Information service）
CL, SB：：Mediwill　CD, CW：小島沙耶　AD, D, I：加藤淳子

P139→

引發熱休克的原因

為引起廣泛的關注，以結合箭頭和插圖的方式來呈現血壓升降變化，便於讀者理解熱休克發生的原因。

健康圖像雜誌 vol.36 2019年「高血壓」特輯
「簡單窗戶改裝 內窗 PLAMADO U」
（住宅設備機器製造・銷售 Housing equipment manufacturing / sales）
CL, SB：YKK AP　I：Matsubara Masahiro

造成蛀牙的原因

這本小冊子是為了幫助患者正確了解蛀牙，推廣美觀瓷體修復之CEREC治療為目的而創作，簡單不作怪的插圖起到對廣泛年齡層訴求的作用。

CEREC啟蒙運動專案・知識篇
（齒科醫藥品製造・銷售
Dental pharmaceutical manufacturing / sales）
CL：Dentsply Sirona　CD：文字山　D：西

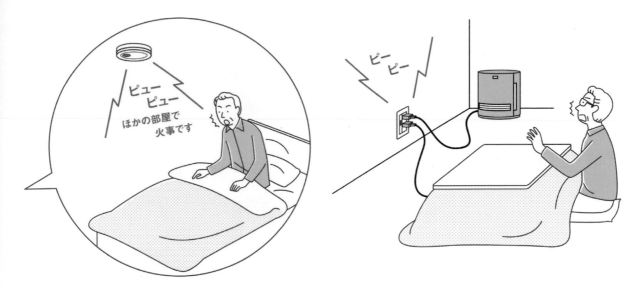

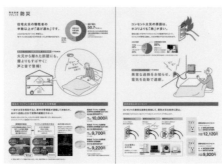

火災警報器‧防走火插座的機制

此為照明和電氣設備更換型錄，以易於閱讀的方式整理了多種資訊。在防災的介紹頁面，上方用插圖和數據展示火災警報器和感熱示警插座的必要性，底部則刊載了產品資訊和應用實例。

更換照明與電氣設備的型錄 〔電機製造 Electronics manufacturer〕
CL：Panasonic　SB：Panasonic Life Solutions Company

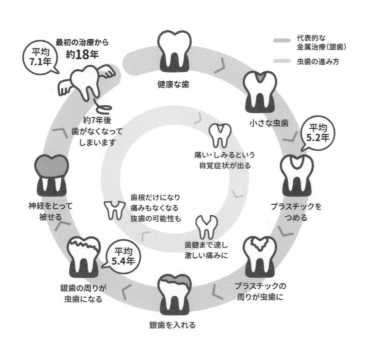

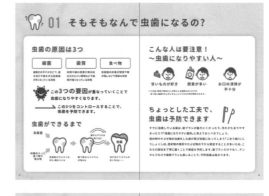

気づかぬクセが
いのちを脅かすかも。

人は1時間に平均23回も自分の顔を触っていると
言われています。知らない間に口や鼻、目などの
粘膜を触るクセがある人は多いものです。ウイルス
のついた手が粘膜に接触することで感染が起きて
います。クセは自分では気づかないから、みんな
で教え合いましょう。こまめな手洗いも大切です。
小さな思いやりが、大きないのちを守ります。

いのち守るマナー新聞
by ○ Tokyo Good Manners Project

企画協力パートナー
NIKKEI 朝日新聞 産経新聞社
東京新聞 毎日新聞 読売新聞
https://goodmanners.tokyo/ 6つのマナーをチェック↑

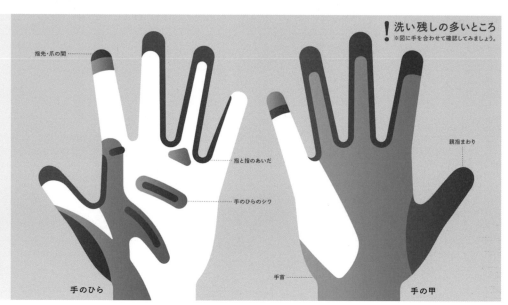

手はいま
いのちを握っている。

これは洗い残しの多いところを示した図です。手
を合わせて自分はちゃんと洗えているか確認しま
しょう。普段からやっている手洗いですが、一人
ひとりが真剣に見直し慎重に実践することで、自分
はもちろん大切な人のいのちを守ることができます。
小さな思いやりが、大きないのちに繋がっています。

いのち守るマナー新聞
by ○ Tokyo Good Manners Project

企画協力パートナー
産経新聞社 朝日新聞 東京新聞
NIKKEI 毎日新聞 読売新聞
https://goodmanners.tokyo/ 6つのマナーをチェック↑

! 洗い残しの多いところ
※図に手を合わせて確認してみましょう。

指先・爪の間
指と指のあいだ
手のひらのシワ
親指まわり
手首
手のひら
手の甲

預防病毒感染的方法／洗手後病毒殘留的圖解

這是為啟發「守護生命行動」所企畫的報紙廣告，經由新的設計把可能造成新冠病毒
感染的舉動變得更加一目了然。為爭取時間及早進行全國宣導，在日本六大報的協助
下刊出。

守護生命行動新聞〔一般社團法人 General incorporated association〕
CL, SB：Tokyo Good Manners Project　CD：村田晉平　AD：井上信也　企畫：後藤 萌
D：木村 亮／林 元氣／流 拓磨　製作人：高橋準也／壬生勇輔
溝通企畫：大貫元彥／武田奈奈　客戶企畫：松浦克磨
業務執行：萩原利幸／菅野 弘　公關企畫：鈴木陽子／島田雄輔／梶原祐彰／大矢咲貴子
媒體企畫：小安雄一／牛尾文哉／藤井統吾　製版, 印刷：日庄印刷　廣告公司：電通＋電通AD-GEAR

入浴のマナー
How to enjoy a japanese style bath

みんなが気持ちよく入浴できるよう、マナーを大切にしましょう
Have good manners to make everyone feel like having a good time.

お風呂は体を洗ってから
Please wash yourself well
before getting into the bath.

長い髪はゴムで束ねよう
People with long hair should put their hair up
or bind it with something such as a rubber band.

タオルは湯船の外に
Do not put your towel in the bath.

使ったものは元に戻そう
After use, return the wash basin and
stools to their proper original location.

体をよく拭いてから脱衣所へ
Please dry yourself off before
coming out to the dressing area.

洗濯はしないで
Refrain from washing clothes.

Yo Yasu Yu
熊本銭湯 世安湯

錢湯使用禮儀
此為熊本市唯一用柴火加熱的人氣公共澡堂「世安湯」獨家的入浴禮儀告
示。由於這是包括外國觀光客在內，男女老少都會使用的設施，在設計上也
採行容易理解的大眾化設計。

熊本銭湯 世安湯 入浴禮儀（銭湯 Public bath）
CL：熊本銭湯 世安湯　D, I, SB：米村知倫（Yone）

143

做法・製作方式
How to

HOW TO MAKE RAMEN / HOW TO MAKE CURRY

這是在以銷售為目的的企畫展「Tojiten」裡展出，為虛構的雜誌頁面所設計的作品。
透過性感可愛的女性插圖介紹速食麵和速食咖哩包的調理方法。簡潔的線條和簡單的用
色構成了俐落的版面。

Tojiten（2015）企畫展作品　（自主創作 Parsonal work）
I, D, SB：白根Yutanpo

HOW TO MAKE CURRY

(RETORT-POUCH)

EASY 3 STEPS!

1
Put in the curry sauce into boiling water.
(Do not open the bag)

2
Keep water boiling from 3~5 minutes.

3
Open the bag and pour the filling onto rice in a dish.

SPEEDY
YUROOM COOKING
DELICIOUS

RECOMMEND!
Have cold water together!

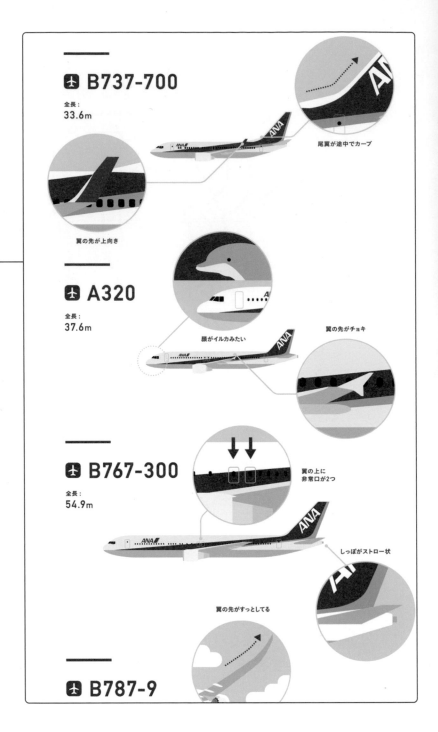

識別飛機的方法

介紹ANA旗下的客機裡幾個機種的特徵。用插圖描繪出個別尺寸大小、機翼方向和機頭的形狀差異等,簡單又明瞭。

ANA Travel & Life(網路雜誌)(航空運輸 Air transportation business)
CL:全日本空輸　　AD, D, SB:groovisions

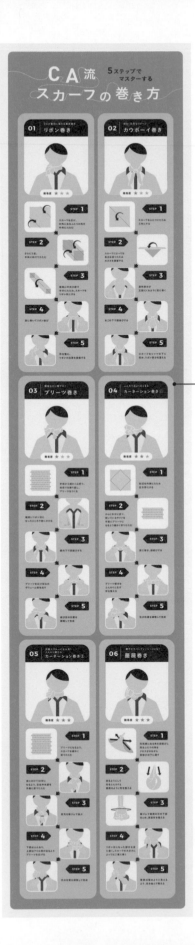

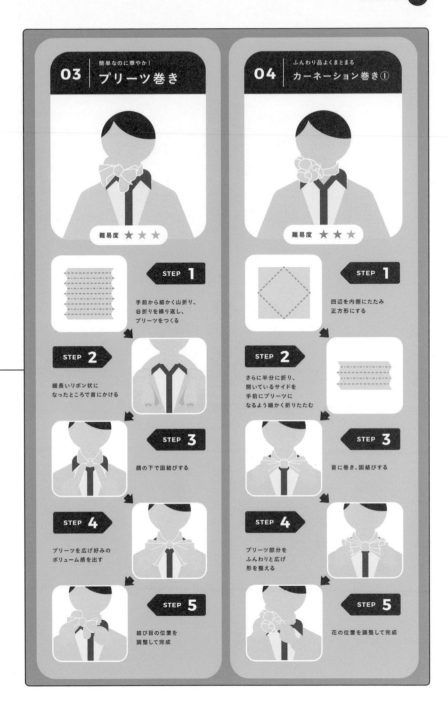

CA流的領巾打法
用5個步驟介紹ANA空服員直接傳授的6種領巾打法。左右交錯的步驟圖解，
自然形成一種瀏覽順序的節奏，便於閱讀。

ANA Travel & Life（網路雜誌）（航空運輸 Air transportation business）
CL：全日本空輸　AD, D, SB：groovisions

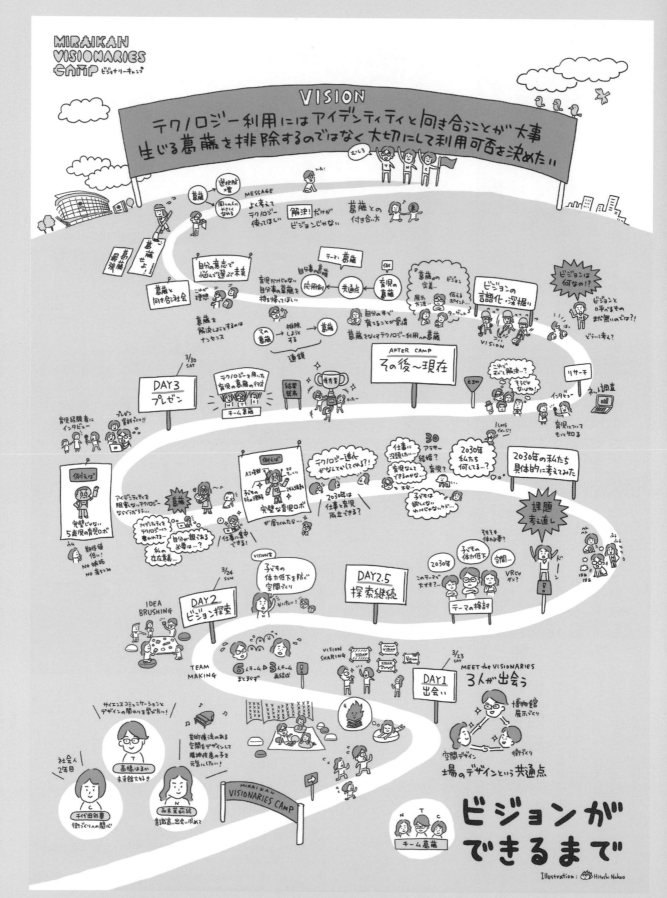

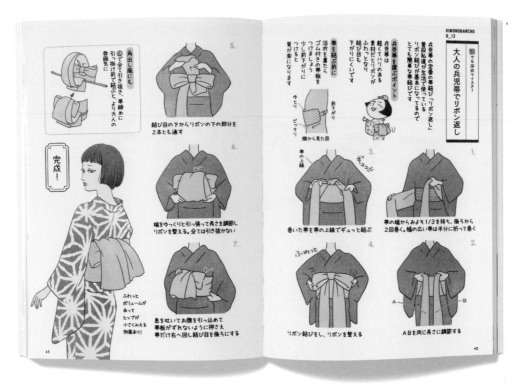

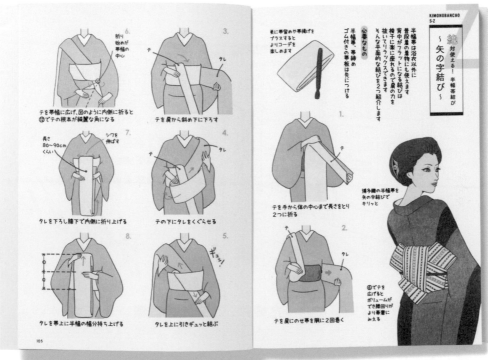

← P 148

願景的形成

以發掘和支援有才華的年輕有識之士為目的的活動裡，獲選為優秀獎的「團隊羈絆」，用一張圖概括了他們是經由什麼樣的過程達成願景的。

願景營 2030年的交流 〔科學博物館 Science museum〕
CL：日本科學未來館　夢想家「團隊羈絆」：千代田彩華 / 高橋遙 / 永末茉莉繪
CD, TD：松山真也　I, SB：中尾仁士

腰帶的繫法

以「日常生活中的和服流行打扮」為題，透過插圖和漫畫的方式對初學者說明和服的穿著與搭配方式。在如何繫腰帶的解說頁裡，用簡單易懂的插圖說明每個步驟。

和服班長的時尚A到Z 〔出版社 Publishing〕
CL, SB：祥傳社　作者, D, I：松田惠美　編輯：田邊真由美
裝訂, D：萩原佐織（Passage）

設有柵門的月台安全注意事項圖解

利用簡單又能引發注意的插圖與設計，傳達設置月台柵門可減少電車誤點，
亦可確保旅客安全的訴求。

東急電鐵 減少電車誤點PR交通廣告2019（鐵路事業 Railway company）
CL：Tokyu Agency／座　CD, CW：岸 浩史（座）　AD：朴 直美　I：DOISENA
DP, SB：Harajuku Sun-Ad

毎日に差がつく賢い習慣
スッキリ目覚める10のコツ

1 土日も平日も
起床時間を
変えないこと。

2 6~8時間寝ること。
ムリなら3日単位で
調整すること。

理想とする睡眠時間には
個人差があります

3 朝日を浴びて、
体内時計を
リセットすること。

4 朝食は
ちゃんと
食べること。

5 適度な運動を
すること。

6 仕事でストレスを
溜めないこと。

7 チャンスがあれば、
少し昼寝をすること。

8 深酒は控えること。

9 大切な人を
思い浮かべて、
いい夢を見ること。

10 寝る前に
"賢者の快眠"
を飲むこと。

いい目覚めで、
毎日を変えよう

賢者の快眠
睡眠リズムサポート

●届出表示:本品にはアスパラガス由来含プロリン-3-アルキルジケトピペラジン(シクロ(L-ロイシル-L-プロリル)、シクロ(L-フェニルアラニル-L-プロリル)、シクロ(L-チロシル-L-プロリル)として)が含まれており、就寝・起床リズムを整えることにより、睡眠の質を高めること(スッキリした目覚め感)や、休日明け(月曜日)の心の健康(楽しく、おだやかな気持ち)の維持をサポートします。また、健康に良い睡眠の維持を助ける(希望する時間より早く目覚めてしまうことを和らげる)機能が報告されています。●1日摂取目安量:就寝前に1日1包 ●摂取の方法:就寝前に、そのまま、もしくは水などと一緒にお召し上がりください。●本品は国の許可を受けたものではありません。●本品は、疾病の診断、治療、予防を目的としたものではありません。 食生活は、主食、主菜、副菜を基本に、食事のバランスを。

Otsuka 大塚製薬 製品に関するお問い合わせ▶大塚製薬株式会社 お客様相談室 0120-550708 詳しくはこちら▶https://www.otsuka.co.jp/knk/ お求めは、ドラッグストア、またはWebで。 機能性表示食品

10個醒來神清氣爽的要訣

此為輔助睡眠的功能性食品廣告。用插圖介紹10個日常從早上醒來到就寢為止，有助於提升睡眠品質，醒來感覺神清氣爽的好習慣。

賢者快眠
〔醫藥品、食品製造‧銷售 Pharmaceuticals and food manufacturing / sales〕

CL：大塚製藥　CD, CW：鈴木晉太郎　AD：松下仁美　D：波平昌志　I：DOISENA
DF：迷你蕃茄　SB：電通

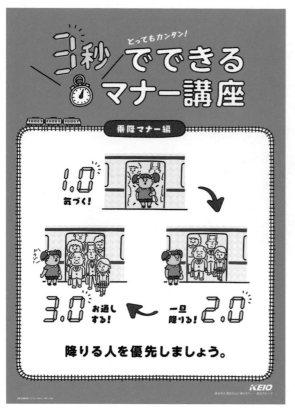

如何做家事

用分格的方式圖解家事的做法。根據事先決定好的配色與線條粗細等規格繪製而成的插圖，實用且易於理解，讓每個成員都能很快熟悉家務事。

Lettuce Club「圖解！如何做家事」（出版社 Publishing）
CL, SB：KADOKAWA　I：平松 慶　DF：Dynamite Brothers Syndicate
編輯：岸田直子

車內禮儀的改善方法

此為電車禮儀宣導海報。以「3秒就能做到電車禮儀」的標題引發乘客注意，搭配3格漫畫風圖示，傳達隨手就能展現禮儀的要點。

3秒就能做到的禮儀講座
（鐵路事業 Railway company）

CL, SB：京王電鐵
創意執行總監：江尻卓郎
CD：羽田和弘
AD：望月健太郎（DIGITAL PLANETS）
業務執行：藤井文彩
廣告代理：KEIO AGENCY
DF：DIGITAL PLANETS

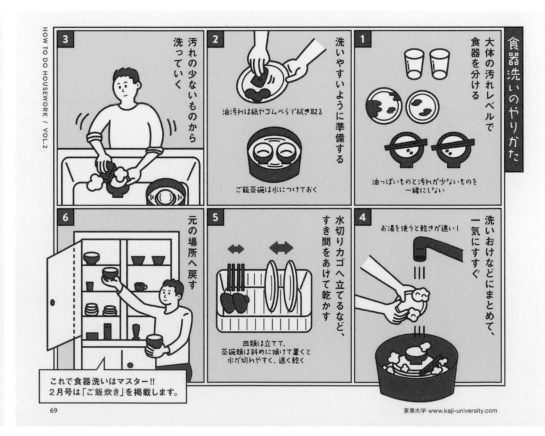

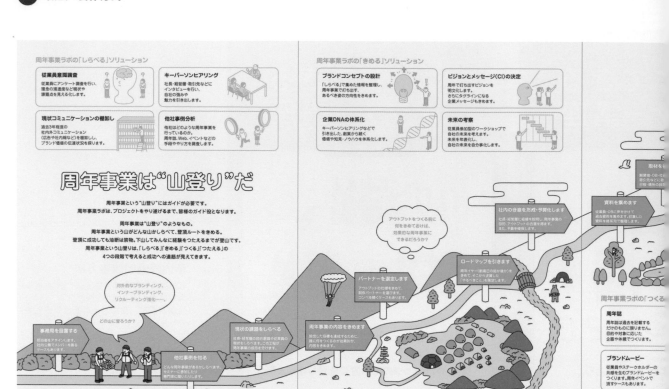

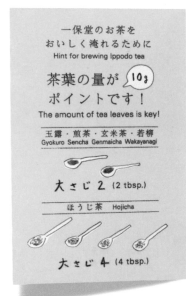

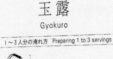

沖茶的訣竅

說明泡茶方式的傳單。以煎茶的印象為主色，透過手繪插圖和圖標做簡單
的詮釋。

泡茶方法說明傳單（日本茶銷售 Japanese tea sales）
CL：一保堂茶舖　I：Izumi Shiokawa　D, SB：Marble .co

邁向事業周年紀念的成功之路

創造一個得以俯瞰整體流程，網羅企業在不同階段應具備之解決方案的工具。該作品將一連串的事業發展比喻為登山，描繪出從準備、計畫到下山＝未來設計的沿途指標。

周年事業指南 （顧問業 Consulting）
CL, SB：日經BP顧問　AD：佐藤惠司郎
D：田中耕司（tanaka-graph）　I：平松 慶

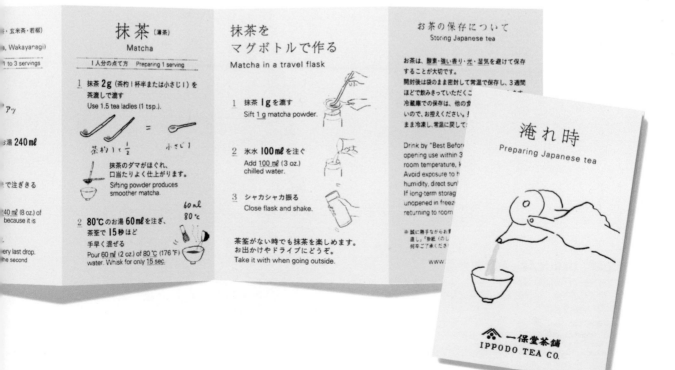

普段から家族どうしで防災準備を！1人にひとつずつ、まず安全に逃げるための必須アイテム「でるキャップ」

DERUCAP

- 軽量で子供から高齢者まで安心フィット
- 防災頭巾の約5倍の高い衝撃緩衝力
- 炎や火の粉から頭を守る高い難燃性

※1 日本防災協会の防災頭巾の耐衝撃試験に準拠した試験方法「5キロの重りを10センチの高さから落下させる」を実施
※2 難燃合格グレード UL-94 HBF（イノアックP-E・ライト使用）

いつも枕元と心に防災を！
新防災三守の神器

履物　懐中電灯　でるキャップ

家族一人ひとりに、オフィスに。
デスクの引出し・本棚に収納可能なコンパクトタイプ

DERUCAP

でるキャップ コンパクトタイプ（1枚入）

型　番	DC-C-01	材　質	本体:PE樹脂　あご紐:PP樹脂
適応サイズ	頭の外周サイズ 54cm～62cm	パッケージ寸法	W261×D50×H280（mm）（ヘッダー高さ30mm）
外観寸法	W260×D260×H40（mm）	価格	¥3,900（税別）
質量	約85g（あご紐を含む）		

学校や病院などの公共施設に。
大人数の避難時に使えるレギュラータイプ

DERUCAP

でるキャップ レギュラータイプ（10枚入）

型　番	DC-R10-01	材　質	本体:PE樹脂　あご紐:PP樹脂
適応サイズ	頭の外周サイズ 54cm～62cm	パッケージ寸法	W310×D310×H524（mm）
外観寸法	W260×D260×H40（mm）		
		価格	¥37,000（税別）

簡易安全帽「DERUCAP」的使用方法

遇到災難時有助於個人快速逃難的簡易安全帽。著眼於「看了了然於心」、「讀了有所理解」的重點，利用平易近人和感覺體貼的插圖傳達了產品的卓越性。

DERUCAP宣傳用傳單
（緩衝材、照護・衛福用品、曲面印刷技術相關製造・銷售
Gel materials,nursing care and welfare products,
3D decoration technologies manufacturing / sales）
CL, SB：Taica　CD, CW：高橋 稔　AD, D：服部匡孝　D：井上彩繪　I：小幡彩貴

P：和田野 久　DF：GLAMOUR / LOVED

立ちどまらない保険。
三井住友海上
MS&AD INSURANCE GROUP
メニュー

ご契約者さま　個人のお客さま　法人のお客さま

今すぐできる被災時の
緊急実践知恵袋

毛布や衣服で、応急担架を作ろう。

🕐 〜24時間　応急処置

災害が起こると、ケガ人をはじめとした移動が困難な人のために担架が必要になります。多くの人が同時に担架を利用し、数が足りなくなってしまうときは、身の回りにあるものを使って応急担架を作りましょう。

身近なもので応急担架を作ろう

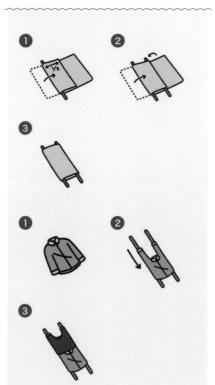

立ちどまらない保険。
三井住友海上
MS&AD INSURANCE GROUP
メニュー

ご契約者さま　個人のお客さま　法人のお客さま

今すぐできる被災時の
緊急実践知恵袋

骨折の応急手当が必要なときに。

🕐 〜24時間　応急処置

万が一、骨折してしまった場合は、痛みがある部分をむやみに動かさないようにしましょう。骨折による二次的な損傷を防ぎ、苦痛を和らげるためにも、身近なものを使って応急処置を取ることが大切です。

身近なものを使って骨折部分を固定し、応急措置をしよう

風呂敷を使用した場合　　レジ袋を使用した場合

立ちどまらない保険。
三井住友海上
MS&AD INSURANCE GROUP
メニュー

ご契約者さま　個人のお客さま　法人のお客さま

今すぐできる被災時の
緊急実践知恵袋

がれきやガラスから足を守りたいときに。

🕐 〜24時間　応急処置

大きな地震が起きると、崩壊した建物のがれきやガラス、釘等が散乱し、足場が悪くなります。足元の鋭利な破片等でケガをする危険性も高まるので、身近にあるものを使って足を保護しましょう。

板等を靴底の下に敷き、足を保護する

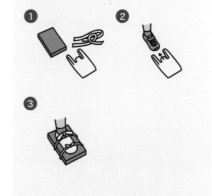

緊急情況下的應急處置

此為解決擔憂危急狀況的知識宣導。為了讓使用者在緊急情況下能如法泡製，特意採用一個插圖一個動作的圖解方式來呈現處置順序。

當下即可發揮作用的實用應急知識（保險公司 Insurance company）
CL：三井住友海上火災保險　廣告公司：博報堂　製作公司,SB：博報堂I-STUDIO
I：DOISENA

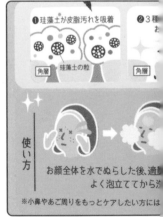

毛孔清潔用品的使用方法

著重在矽藻土吸附性的毛孔清潔用品。不像市面常見訴諸於「毛孔汙垢」的包裝設計，而是透過輕鬆的插圖和字體，吸引20歲後半到30歲前半的目標女性顧客購買。

LIFTARNA矽藻土系列包裝
〔化妝品企劃・開發・銷售 Cosmetics planning/development/sales〕
CL, SB：pdc　AD, D：小西知繪　I：橋下漂乃　DF：Ing Associates

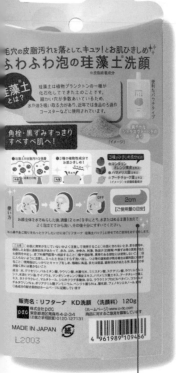

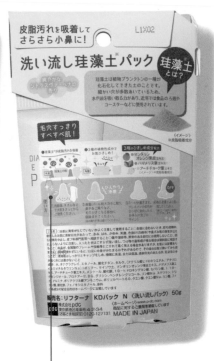

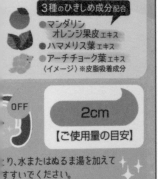

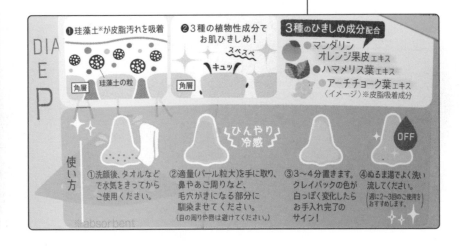

美容設備的使用方法

此為美體商品型錄。以照片做為主視覺，建構起產品世界觀。利用對開折合頁的特性，做成左右排放的扉頁，內頁的產品說明則分成上下兩部分，用以比對兩種產品的功能差異。

Lourdes Body Esthe Rilaco-cco, Rilapiyo
（保健用品製造・銷售 Health care products manufacturing / sales）
CL, SB：ATEX　CD：木下夏生　AD, D：石山 麟　P：HIROSHI　CW：前出明弘
MD：JAGODA　DF：CEMENT PRODUCE DESIGN ltd.

コレクティング スティック 使用方法
HOW TO USE CORRECTING STICK

肌悩みに合わせて、仕込んでください

アイベースとして
使用する場合

シェーディング
として使用する
場合

立体感・
ツヤ感アップ

01 ハイライト

ファンデーションを塗布した
後*、明るく見せたい部分にの
ばし、指でなじませてください。

テカリ・
毛穴補正

02 スムースマット

ファンデーションを塗布した後*、小鼻
やほおなど毛穴やテカリが気になる
部分にのばし、指でなじませてください。

くま・シミカバー／立体感アップ

03 ライトカラー
※アイベースとしても使えます。

04 ヘルシーカラー
※シェーディングとしても使えます。

ファンデーションを塗布した後*、コンシーラーのよ
うに気になる部分にのばし、指でなじませてください。

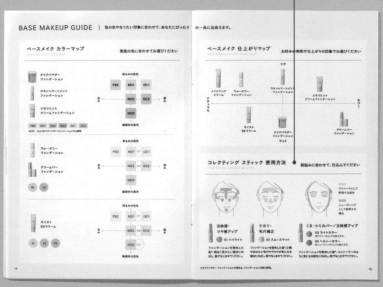

化妆品的使用方法
此為100％天然成分有機彩妝品牌「naturaglacé」的產品型錄。以圖解的
方式幫助消費者根據上妝步驟、想要製造的形象和顏色等需求挑選商品。

naturaglacé　BASE & POINT MAKEUP型錄
（化妝品生產・銷售 Cosmetics manufacturing / sales）
CL, SB：NATURE'S WAY　DF, SB：surmometer inc.

瑜珈姿勢圖解／消除壓力的呼吸法
瑜珈雜誌裡介紹姿勢與動作的內頁。說明動作的照片搭配手繪風格箭頭和文字，營造了柔和的印象。容易傾向以文字描述的主題「心」也以寬鬆的排版來呈現。

Yogini archive 心的機制和操控方法（出版社 Publishing）
CL：枻出版社　CD：高橋佐和子　AD：城戶口優子　D：田澤京子　DF, SB：PEACS Inc.

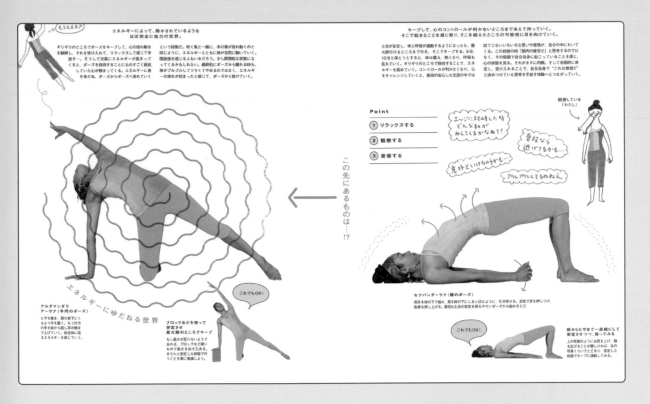

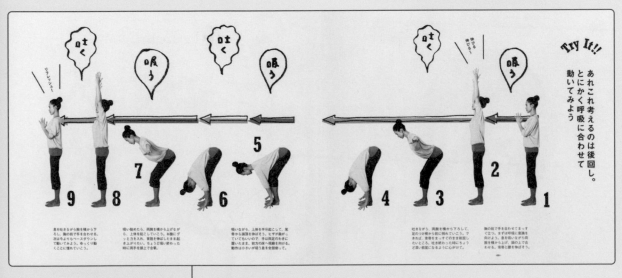

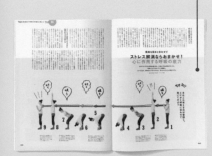

COLUMN 2

目線は集中する部分

普段は外に向いている意識を内側に向け、より集中を深めるために、一点に視点を定めるのがドリシティ呼ばれる目線。簡単にはできないけれど、そこから目線を外さないという決意を持って練習するようにしたい。

吸／眉間
足の甲を寝かせて床を押し、ヒジを伸ばしながらお腹から胸、首の順番で背骨を引き上げていく。両腕の間から胸が出る。

吐／鼻
両手を床に着いて右脚を後ろに下げ、体を一直線にする。体を少し前に押し出しながらヒジが床と平行になるまで体を下ろす。

吸／親指
吸いながら右脚を手と手の間に大きく運び、後ろ脚のつま先を斜め外に向ける。体を起こしながら両手を真上に引き上げる。

吐／へそ
両手両脚で体を支え、お尻を斜め後ろに引き上げながら背骨を伸ばしていく。背骨とワキの下をしっかりと伸ばす。

吸／眉間
足の甲を寝かせて床を押し、ヒジを伸ばしながらお腹から胸、首の順番で背骨を引き上げていく。両腕の間から胸が出る。

瑜珈姿勢圖解

瑜珈雜誌裡介紹姿勢與動作的內頁。在動作方面，用箭頭和指示過程的線條自然引導讀者視線，提高了閱讀性，並以大小不同的照片尺寸增添版面活潑氣息。

Yogini archive 姿勢的基礎〔出版社 Publishing〕
CL：枻出版社　CD：高橋佐和子　AD：城戸口優子　D：田澤京子　DF, SB：PEACS Inc.

太陽礼拝B
Suryanamaskar B

START

吐 ／ 鼻
息を吐きながら右、左と順番に足を後ろに下げて体を一直線にし、体を少し前に押し出しながら、ヒジが床と平行になるまで体を下ろす。

吸 ／ 眉間
両手のひらを床に着いたまま、息を吸いながら、背骨を斜め前方へとまっすぐに伸ばす。ヒジは軽く伸ばして。

吐 ／ 鼻
吐く息でヒザを伸ばしつつ、股関節から体を折り畳むように前屈していく。両手のひらが床に届く人は、両足の外側に着く。

吸 ／ 親指
息を吸いながら両手を体側に下ろし、ヒザと股関節を曲げる。指先が床に触れたら、腕を前か横から、天井方向へと引き上げる。

吐 ／ 鼻
心を落ち着かせて、静かにマットの上に立つ。左右の足の親指とカカトをくっつける。アゴを引き、肩の力を抜いて両手は体側に。

一刻も早く、つらい肩こり・腰痛をやわらげたい！という方へ、
すぐにでもできる体操をご紹介します。

つべこべ言わずに あべこべ体操

What is あべこべ体操？

体のむだな動きや力の使い方に気づき、いかに効率よく楽に動くかを学習する身体訓練法（フェルデンクライス・メソッド）をベースに考案された体操です。体の一部をほかと反対方向（あべこべ）に動かすなど、なじみのない動きをすることにより自身の体に意識が向き、体に対する「気づき」が得られます。それにより余計な緊張がほぐれ、結果的に肩こりや腰痛の改善につながります。いまいちピンとこないアナタも、つべこべ言わずにまずはチャレンジ！

ゆっくり5回ずつ行って
肩こりに！
次のSTEPへ進もう！

＼あべこべ！／

STEP1
いすに浅く腰掛け、顔を上下に向ける。このとき意識的に、上を向くときには胸を張りおへそを突き出し、下を向くときには猫背にして、おへそを引き込める。

STEP2
胸を張ったときには顔を下に向け、猫背になったときには顔を上に向ける。

STEP3
手を組んで頭の後ろに添えて、顔を上に向ける。同時に、上を向いたときには張って肘を広げ、下を向いたときには曲がり肘を閉じる。

POINT ✓ 心地よい範囲で、ゆっくりと大きく動かす ✓ 呼吸は止めずに、リラックス ✓ 緊張はないか、力を入れていないか

ゆっくり5回ずつ行って
腰痛に！
次のSTEPへ進もう！

＼あべこべ！／

STEP1
リラックスした状態であお向けになり膝を立て、足幅は腰幅と同じくらいに広げる。そのまま、膝を左右に倒す。

STEP2
右手で左肘、左手で右肘をつかんで腕を組み、頭・肘・膝を左右に倒す。

STEP3
腕を組んだ状態で、顔だけを肘・膝とは逆の方向に倒す。

S
腕を組…
頭・膝とは…

※痛みが強くなる場合にはすぐに実施を中止し、医療機関…

10

【教えてくれたのは…】北洞 誠一 さん（フェルデンクライス・メソッド・プラクティショナー）：あべこべ体操提唱者。著書に『首・肩・腰の疲れが…

LET'S RELAX! ストレッチボールのススメ

ストレッチボール®は日々の生活の中で固まってしまった姿勢や筋肉をゆるめて整えるためのセルフケアツールです。　一時的に肩こりや腰痛をやわらげるだけではなく、継続することにより

※ストレッチボール®に乗った際に痛みを感じた場合にはすぐに使用を中止

3 POINTS

ストレッチボール®に乗ることで期待できる3つの効果

RELAX

1 前かがみの姿勢で固まった筋肉の緊張がやわらぎ、本来あるべき姿勢に近づく
→自分の腕や足の重みにより、体の前側の筋肉がゆっくりと伸ばされ、こり固まった筋肉が自然にゆるみます。

2 肋骨が開きやすい状態で深呼吸をすることで、副交感神経が優位になる
→前かがみの姿勢やストレスなどで呼吸が浅くなりがちですが、ボールに乗って深呼吸をすることで、リラックス効果が高まります。

3 姿勢を支えるコアの筋肉がはたらきやすくなる
→不安定な円柱の上に乗ることで、体が無意識にバランスを取ろうとするため、姿勢を支えている体の深層（コア）の筋肉が反応します。

一連の流れを続けて行うことで、リラックス度UP！

準備運動
左右各 30秒
基本姿勢から、右足を床にすべらせて伸ばす。左腕も胸の横あたりまで床をすべらせて開く。体がボールに巻きつくようなイメージで30秒キープする。反対の手も足も同様に。

床みがき運動
外回し・内回し各 10回
基本姿勢の状態で、床に円を描くように腕を動かす。最初は肩から大きく回し、慣れてきたら小さく回る。肩甲骨から肩にかけて筋肉がゆるんでいくのを感じよう。

肩甲骨の上下運動
10回
基本姿勢から天井に向かって両腕をあげる。天井に向かってさらに腕を伸ばすように肩を前に出す。力を抜き、肩を元に戻す。このとき、肩甲骨でボールをはさむようなイメージで。

12

【教えてくれたのは…】石塚 利光さん（一般財団法人日本コアコンディショニング協会 理事）：全国各地でストレッチボールを用いたコンディショニングやトレーニングを指導

\あべこべ！/

TEP4

頭の後ろに添えて、頭を上下に
ったときには頭を下に向けて
になったときには顔を上に
げる。

自分の体に意識を向ける

\あべこべ！/

STEP5

腕を組んだ状態で、腰だけを
頭・肘とは逆の方向に倒す。

とに実施してください。
：http://abekobe.jp/

11

肩こりに！ ゆっくり5回ずつ行って 次のSTEPへ進もう！

STEP1　STEP2

\あべこべ！/

STEP3　STEP4

\あべこべ！/

腰痛に！ ゆっくり5回ずつ行って 次のSTEPへ進もう！

STEP1　STEP2

ることを目的としています。
診察・指導のもとで使用してください。

SIC
太姿勢

ルの上に乗るように。
膝は90度くらいに曲げる。
ックスできるポジションを探そう。

感じない位置に伸ばし、
。

羽ばたき運動

5往復

基本姿勢から手の甲と肘を床に
つけたまま、ゆっくりと腕を開いて
いく。肩の高さ程度まで広げ
たら、ゆっくりと元の位置に戻す。
肩に突っ張りを感じない範囲で、
肩甲骨の動きを感じながら腕を
動かそう。

http://jcca-net.com/

13

不講歪理的反向體操 /
LET 'S RELAX！StretchPole的建議用法

此為單一主題免費健康資訊報針對腰酸背痛所做的專題報導。不講歪理的反向體操
指的是，身體的某一部位跟其他部位呈反方向的體操，並以紅藍兩色來標示反向的動
作。在舒展身體的桿狀運動器材StretchPole方面，以基本姿勢做為主視覺，再以手寫
風格的曼妙文字和箭頭對個別練習動作做補充說明，創造符合主題的輕鬆印象。

健康圖像雜誌 （處方藥局 Pharmacy management）
CL, SB：AISEI藥局　　CD：門田伊三男（AISEI藥局）　　AD：堂堂 穰（DODO DESIGN）
D：栗原梓（DODO DESIGN）　P：秋谷弘太郎　CW：北島直子（meets publishing）/
水谷 董（Medical Education）/ 土佐榮樹　髮裝：得字真紀（nude.）　造型師：高山良昭

從古代武術中學習減輕肩膀和腰部負擔的秘訣

此為單一主題免費健康資訊報針對腰酸背痛所做的專題報導。在改為縱向編排的對開版面裡，介紹了從古代武術中學習預防腰酸背痛的方法。利用從古代武術延伸而出的浮世繪風格女性插圖來介紹減輕肩膀和腰部負擔的動作，整個版面也呈現日式風格。

健康圖像雜誌
〔處方藥局 Pharmacy management〕
CL, SB：AISEI藥局　CD：門田伊三男（AISEI藥局）
AD：堂堂 穣（DODO DESIGN）
D：栗原梓（DODO DESIGN）　P：秋谷弘太郎
CW：北島直子（meets publishing）/
水谷 董（Medical Education）/ 土佐榮樹
I：亀川秀樹　髪装：得字真紀（nude.）
造型師：高山良昭

169

地圖‧樓層介紹
Map / Floor guide

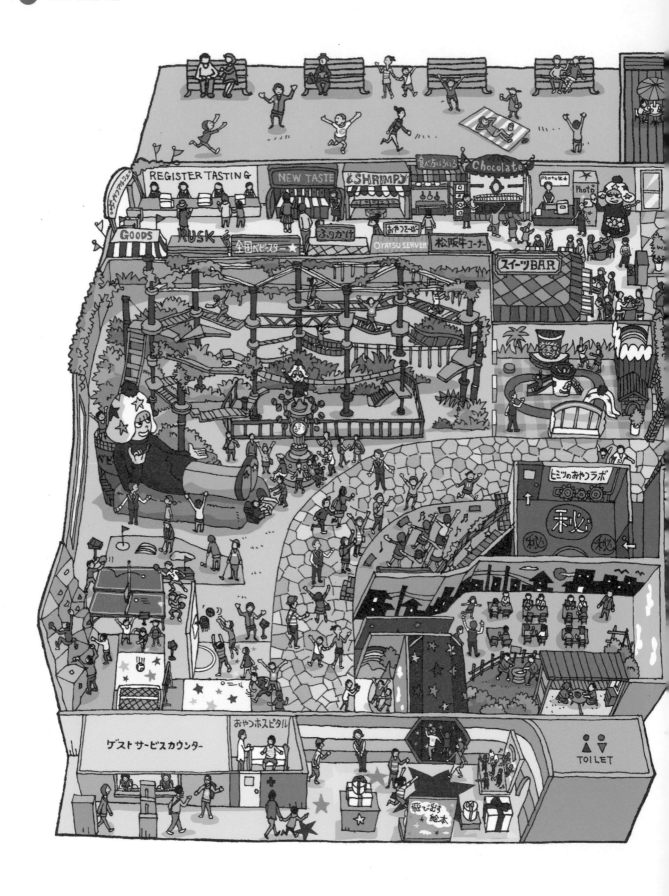

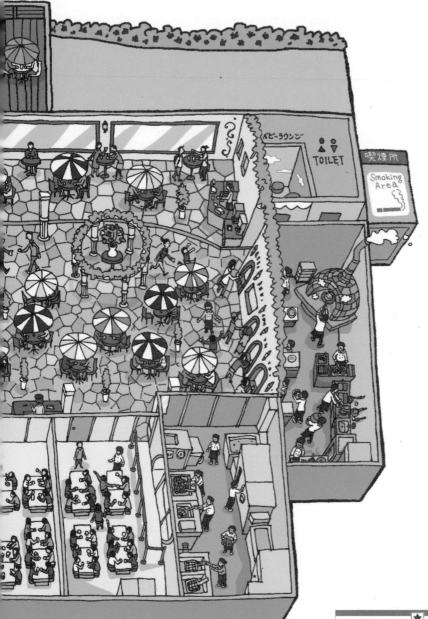

零食城地圖

從俯視的觀點，用立體和色彩豐富的熱鬧插圖展現主題樂園「零食城」（Oyatsu Town）內不同區域的位置和特色，並採把滑鼠游標移到目的地就會顯示相關資訊的互動式設計。

Oyatsu Town網站
（主題樂園營運 Amusement park management）
CL, SB：Oyatsu Town

藝術中心的立體地圖

用景點交織而成的立體地圖來傳達建築物的魅力。正面以透視的方式讓人得以一覽內外全景，並附加參觀地點說明。背面則以「探索館內地圖」的形式來呈現。

Tokyo Arts and Space本鄉導覽手冊
〔文化施設　Cultural facility〕
CL：東京都歷史文化財團 東京都現代美術館
Tokyo Arts and Space　D：富岡克朗
I, SB：野口理沙子＋一瀨健人（isnadesign）

背面

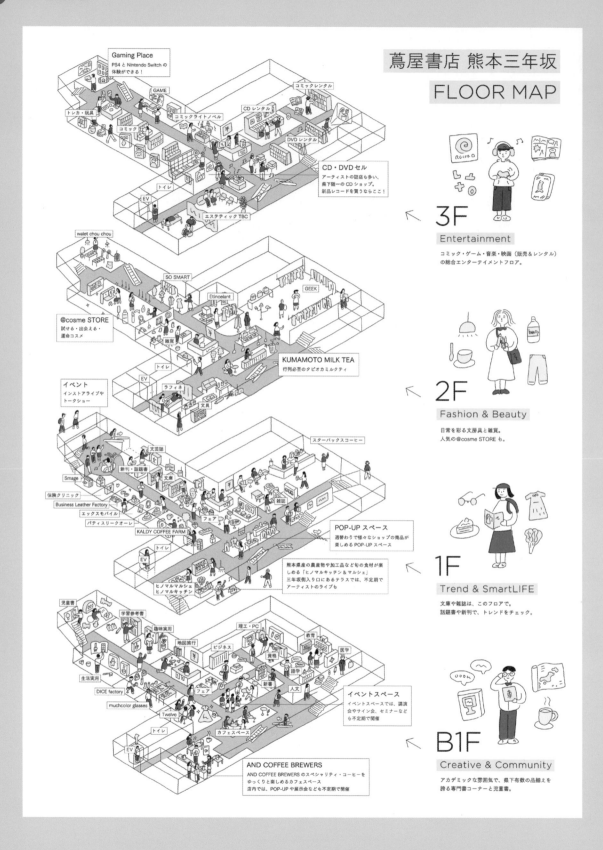

書店的樓層介紹

除了書籍專區，在編排上也加入了咖啡廳和雜貨等概括建築物內各樓層商業活動的資訊，並用企業代表色的藍黃兩色來強調各商店圖標和活動的人群。

蔦屋書店熊本三年坂 FLOOR MAP〔書店 Bookstore〕
CL：Newco One　D, I, SB：米村知倫（yone）

こんな ガッコウ 探検してみた

-公式サイトではわからない探究的なガッコウのあれこれ-

Vol.01 東京コミュニティスクール編

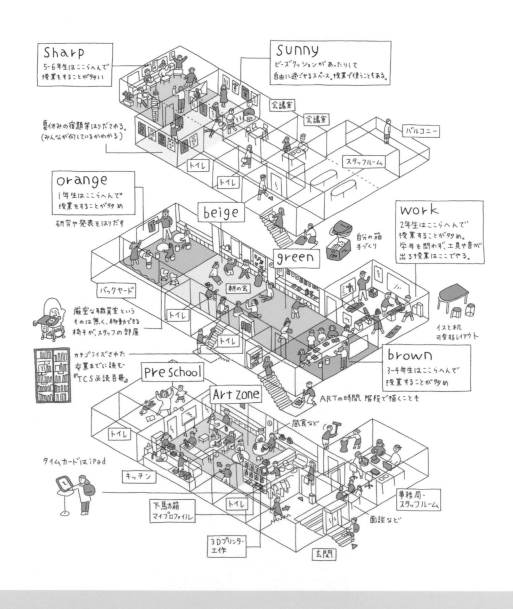

自由學校介紹

此為緊密跟隨在校生、畢業生和家長們一天下來探索校園的實錄報告。用立體地圖展現了無法從官方網站、說明會甚至是公開學習參觀活動中得知的獨特文化和創新之處。

探究學習的媒體「Q」（廣告代理商 Advertising agency）
CL：AOI TYO Holdings Pathfinder室　AD, D, P：玉利康延（etupirka）
CW：田村真菜　I, SB：米村知倫（Yone）

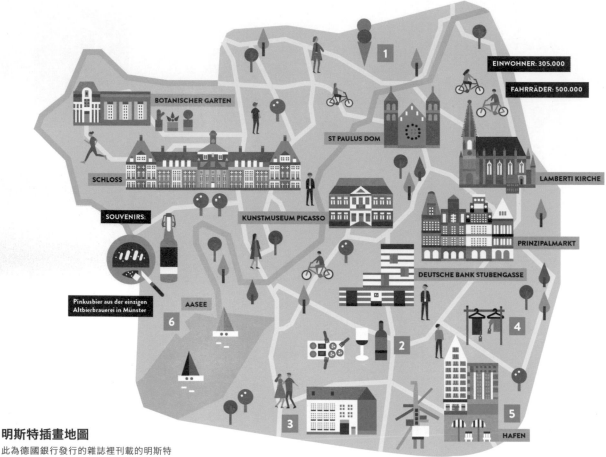

明斯特插畫地圖

此為德國銀行發行的雜誌裡刊載的明斯特
（德國）插畫地圖，為來此渡假的人介紹
了不可錯過的景點和活動。

Deutsche Bank Magazine 2017
〔銀行 Bank〕
CL：Deutsche Bank　I, SB：Saskia Rasink

P 177 →

音樂節會場地圖 /
美食節會場地圖

此為瑞士一個名為策馬特的美麗鄉村裡舉辦
的不插電音樂節活動「Zermatt Unplugged
Festival」的會場地圖，以及同一時間舉行的美
食節地圖，網羅了所有參與活動的美食攤位。

Festival map illustrations, 2019-2021
〔音樂節 Music festival〕
CL：Zermatt Unplugged Festival　I, SB：Saskia Rasink

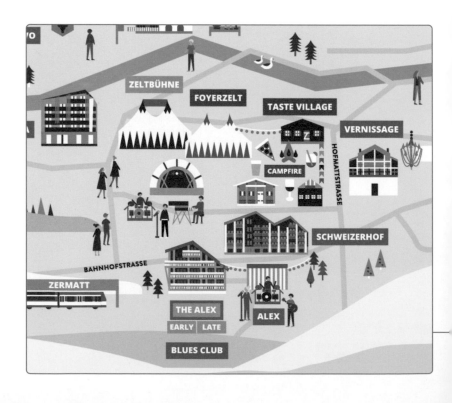

美食節會場地圖

音樂節會場地圖

活動地圖

作者有感於親子一起參加種子島宇宙藝術祭時資訊不足的遺憾而自行創作的參觀後地圖，統整了實際觀看到的作品。該地圖後來受到活動事務局的採用，在藝術祭活動期間內張貼和分發至各處。

種子島宇宙藝術祭2017 觀賞後的地圖 （活動事務局 Event management office）
CL：種子島宇宙藝術祭事務局　I, SB：中尾仁士

龜岡市區導覽圖

這是伴隨移居和定居龜岡市推廣設施開幕而製作的小冊子。在介紹周邊散步資訊的區域圖裡，用版畫風格的插圖展現城下町的風情。

龜岡散步地圖–在地生活般的旅行
（地方政府 Local government）

CL：龜岡市 市長辦公室故鄉創造課　D, I：石 明子
協調者, SB：高姓彩乃（基地計畫）/ 並河杏奈（基地計畫）

編集長ぱあ兄とイラストレーターYoneが行く

大分県最南端・深島わくわくにゃあにゃあ探訪記

滞在時間4時間
弾丸ツアー！

8月も終わりに近づいた。秋雨前線が南下してきて、大分県も大雨になると夜の天気予報では言っていた。

0630
家を出発し、道の駅かまえに向かった。今回は、豊後水道に浮かぶ大分県最南端の離島「深島」へ、イラストレーターのヨネさんとおいちゃん2人で探検しようと計画してみた。自分たちの五感で深島マップをつくってみようということで。

0730
定期船えばあぐりいんの発着場に移動する。雨は、ほとんどあがっていた。昔あった蒲江振興局（旧蒲江町役場）の建物が壊されて更地になっていた。いつもこの駐車場に停めたりしてたな。

0745
乗船がはじまった。我々と、ご家族3人の観光客、年配の女性がひとり。

1130
深島食堂でランチをいただく。ここは要予約でお昼ごはんが食べられる。深島みその味噌漬けや深島で取れた魚に、自家製シークアーサーをかけて食べたり。もちろんお味噌汁は深島味噌の味噌汁。あまりに美味しかったおかず味噌に、ごはんを2人ともおかわりしてしまった。このゆっくり流れる時間… いいなあ。

1230
定期船えばあぐりいんが深島に到着。今度は水着を持って、釣竿持って、本持ってゆっくり来たいなあ。
※取材当日、深島みその仕込みが行われていました。安部夫妻、ぱあちゃんたちの真剣な表情がかっこよかったなあ。

0800
蒲江港を出港。私はここの入り組んだ独特な港湾が好きだ。なんか日本っぽくないのですよ。横浜？神戸？言い過ぎかもしれないけど、それの超コンパクトな感じ。

定期船えばあぐりいんは、1日3便往復している。夏は臨時便も出るらしい。真夏の深島はダイビングや海水浴客も多く、ピークは150名も島にいるらしい。島民は17人なのに。

屋形島から深島にかけて、海の表情が一変する。白波も立ち船も縦に小刻みに揺れる。でもそのリズムが心地よく数分なのに眠りに入ってしまった。

1040
ノースキャットストリートに戻り山側へ登ってみる。お大師さまがいた。この島の守り佛何だろうな。鶏の鳴き声がする。よくみると体格のいい鶏がお互いで泣き合いをしているではないか。しかしこんな大きな鶏みるのは何十年ぶりだろうか。

1042
ヤギに出会う。実は2匹いたらしい。すごくおとなしいヤギさんでした。

えばあぐりいん

0835
まずは、波止場散策。港湾内にもサンゴが見える。防波堤の横にキャリーが置かれていた。これは高齢化した島民が、大きな魚が釣れたときに使用するものなのだろうか？釣り竿も無造作に置かれていた。ここは大きなロッカーなのかもしれないな。そう深島は釣りのメッカでもあるのだ。

1018
西側の浜辺にかけてダ…さと苔の濃…た引き潮の…岩登り感を…「ショアロ…たオレンジ色…旅館だった…

1028
船着場探索…泳いでいるで…も見える。ま…

0840
ふと見ると治…う看板をみつ…が「登ってみ…深島に来て…たが今までに…とを思い出し…を登りはじめ…

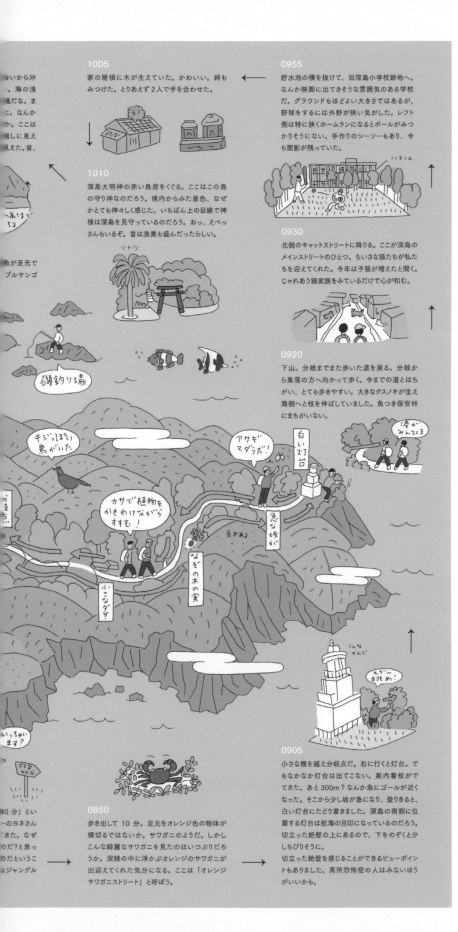

1005
家の屋根に木が生えていた。かわいい。祠も
みつけた。とりあえず2人で手を合わせた。

1010
深島大明神の赤い鳥居をくぐる。ここはこの島
の守り神なのだろう。境内からみた景色、なぜ
かとても神々しく感じた。いちばん上の目線で神
様は深島を見守っているのだろう。おっ、えべっ
さんもいるぞ。昔は漁業も盛んだったらしい。

0955
貯水池の横を抜けて、旧深島小学校跡地へ。
なんか映画に出てきそうな雰囲気のある学校
だ。グラウンドもほどよい大きさではあるが、
野球をするには外野が狭い気がした。レフト
側は特に狭くホームランになるとボールがみつ
かりそうにない。手作りのシーソーもあり、今
も面影が残っていた。

0930
北側のキャットストリートに降りる。ここが深島の
メインストリートのひとつ。ちいさな猫たちが私た
ちを迎えてくれた。今年は子猫が増えたと聞く。
じゃれあう猫家族をみているだけで心が和む。

0920
下山。分岐までまた歩いた道を戻る。分岐か
ら集落の方へ向かって歩く。今までの道とはち
がい、とても歩きやすい。大きなクスノキが生え
海側へと枝を伸ばしていました。魚つき保安林
にまちがいない。

0905
小さな橋を越え分岐点だ。右に行くと灯台。で
もなかなか灯台は出てこない。案内看板がで
てきた。あと300m？なんか急にゴールが近く
なった。そこから少し坂が急になり、登りきると、
白い灯台にたどり着けました。深島の南側に位
置する灯台は航海の目印になっているのだろう。
切立った絶壁の上にあるので、下をのぞくと少
しちびりそうに。
切立った絶壁を感じることができるビューポイン
トもありました。高所恐怖症の人はみないほう
がいいかも。

0850
歩き出して10分。足元をオレンジ色の物体が
横切るではないか。サワガニのようだ。しかし
こんな綺麗なサワガニを見たのはいつぶりだろ
うか。深緑の中に浮かぶオレンジのサワガニ
が出迎えてくれた気分になる。ここは「オレンジ
サワガニストリート」と呼ぼう。

深島地圖

這是由以附贈食物的方式介紹佐伯市豐富
飲食文化之雜誌的主編和插畫家共同前往
大分縣最南端的離島「深島」探險，用他
們的五官感受創作的離島地圖。雖然內容
不算太詳盡，卻以一種溫暖的方式傳達出
離島的魅力。

**佐伯・海部飲食通信 深島的特色 插圖頁（食品
製造加工 Food manufacturing / processing）**
CL：BASE D, I, SB：米村知倫（Yone）
CW：平川 攝（佐伯海部飲食通信）
編輯：佐伯海部飲食通信

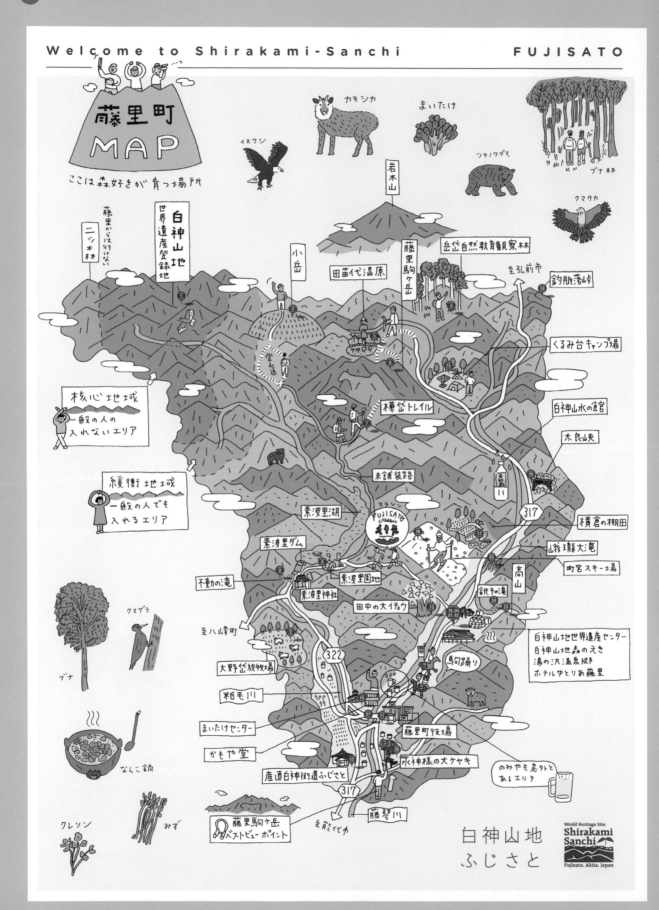

Welcome to Shirakami-Sanchi　FUJISATO

Welcome to Shirakami-Sanchi　　FUJISATO

① 白神山地
shirakami sanchi

1993年、生態系の価値が認められ、日本で初めての世界自然遺産に登録されました。処女林の塔の見えない景色はいまや貴重です。
(住)藤里町北部エリア一帯

② 小岳（標高1,042m）
kodake

麓からはなかなか見えない、"隠された乙女"小岳は、白神の森も美しき山並みを一望できます。帰りぎわに何度も振り返りたくなるはずです。
(住)藤里町藤琴字西内沢国有林内
(ア)藤里町役場から車で約125分
(備)冬季通行不可

サフォークという羊

③ 大野岱放牧場
ohnodai houboku jou

天空の牧場のように現れる大野岱では、希少なサフォーク種の羊や、和牛が放牧されています。
(☎)0185-79-1128
(住)藤里町毛字下笹沢197
(ア)藤里町役場から車で約20分
(期)5月1日〜10月31日は牧草日(11月1日〜4月30日は要予約。予約に関するお問い合わせは、藤里町農林課【☎0185-79-2114】まで)
※トイレ、散策あり

④ 岳岱自然観察教育林
dakedai shizen kansatsu kyouiku rin

苔むした巨岩や、ブナの純林を体験できる白神山地屈指のフィールド。スニーカーでも歩け、一部は車イスでも見学できます。
(住)藤里町藤琴字国有林内
(ア)教育林の入り口から藤里町役場から車で約50分、教育林の散策は徒歩約90分
※ガイドのお問い合わせは、秋田白神ガイド協会(☎0185-79-2518)まで。散策の料金1万7000円〜
※トイレあり

⑤ 田苗代湿原
tanashiro shitsugen

湿原の植物を観察できる木道からは、駒ケ岳のブナも美しく眺めます。山頂に住む女神"田代"だったという言い伝えがあります。
(住)藤里町藤琴字沢国有林内
(ア)藤里町駒ケ岳登山口まで白神山地世界遺産センター　藤里館から車で約60分。そこから徒歩15分
(備)冬季通行不可

⑥ 藤里駒ケ岳（標高1,158m）
fujisato komagatake

春の雪解けに山腹に駒の形が見える県内を代表する山。縦走ができ、山頂からは小岳や、岩木山を望めます。
(住)藤里町藤琴字沢国有林内
(ア)登山口まで白神山地世界遺産センター　藤里館から車で約60分。黒石沢山口(登山タイム往復3時間半)と樺岱登山口(登山タイム往復4時間半)があります。まるく子で安定のタイム。
(備)冬季通行不可
※ガイドのお問い合わせは、秋田白神ガイド協会(☎0185-79-2518)まで。登山ガイドの料金2万5000円〜

---

⑦ 樺岱トレイル
kabadai trail

藤里駒ケ岳に登る新コースで、登山口からブナ林の中を歩けます。途中には鎖場もあり、変化を楽しめます。携
(住)藤里町粕毛字鹿瀬内沢国有林
(ア)藤里町役場から車で約60分
※登山口の滝までは未舗装

⑧ 素波里園地・キャンプ場
（素波里湖畔、素波里神社、素波里ダム）
subari enchi camp jou

自由テントサイトもある素波里湖畔の休養地です。駒ケ岳を眺められるスポットとしても人気。携帯電話が通じない時間を味わえます。
(☎)0185-79-1571(サフォーク白神)
(住)藤里町毛字南面瀬内地内
(ア)藤里町役場から車で約15分
(期)4月下旬〜11月上旬(冬季休業)

⑨ 不動の滝
fudou no taki

江戸時代の紀行家・菅江真澄の歌に詠まれた場所です。素波里神社や素波里ダムを見ながら滝の巡りを感じるのも。
(住)藤里町毛字南面瀬内地内
(ア)藤里町役場から車で約15分

⑩ かもや堂
kamoya do

藤里町の中心部にあるコミュニティスペース。役場前にあり、地域おこし協力隊が制作するリトルプレスも手に入ります。
(☎)0185-74-5668
(住)藤里町藤琴字藤琴55
(営)10:00〜17:00
(休)祝日

かもや堂

⑪ 藤里町役場
fujisatomachi yakuba

町の中心部の商店街通りにあります。周辺には、スーパー、金融機関、食堂があります。
(☎)0185-79-2115(商工観光課)
(☎)0185-79-2111(代表)
(住)藤里町藤琴字藤琴日
(営)8:30〜17:15
(休)土・日曜、祝日

⑫ 白神街道ふじさと
shirakamikaidou fujisato

藤里町の入口エリアにあり、地元農産物、加工品などが売られています。藤里の旬を知るならここがオススメ。
(☎)0185-71-4114
(住)藤里町矢坂字上野蟹子285-6
(ア)藤里町役場から車で約5分
(営)9:00〜17:30
(休)水曜日、12月31日午後〜1月5日、8月13日除休日

⑬ 田中の大イチョウ
tanaka no ooityou

民話にも語り継がれる権現の大イチョウとも呼ばれる樹齢500年以上の巨木。
(住)藤里町藤琴字田中15
(ア)藤里町役場から車で約10分

---

⑭ 釣瓶落峠
tsurubeotoshi touge

青森県に抜ける県境の近くにあり、切り立った山々や渓谷がつくる景観に魅了される。
(住)藤里町藤琴字国有林(県道317号線)
(ア)藤里町役場から車で約55分
(備)峠の奥までは約20キロ

⑮ くるみ台キャンプ場
kurumidai camp jou

設備はトイレと炊事場のみ。ギアの性能をとことん試せるキャンプ場です。
(☎)0185-79-2115(藤里町商工観光課)
(住)藤里町藤琴字沢国有林内
(ア)藤里町役場から車で約45分
(備)冬季使用不可

⑯ 太良峡
daira kyou

赤い橋が目印の太良橋から見える渓谷や天然秋田杉、位牌岩と呼ばれる巨岩も見所の渓谷です。
(住)藤里町藤琴字国有林内
(ア)藤里町役場から車で約30分
※コース一部通行不可

⑰ 横倉の棚田
yokokura no tanada

県道から坂道を3分ほど登ると現れる横倉の棚田。田は人の手が入ることで美しくなる、そんなことを教えてくれます。
(住)藤里町藤琴字沢34
(ア)藤里町役場から車で約32分

⑱ 町営スキー場
chouei ski jou

ロマンスリフトが1基設置されたスキー場です。湯の沢温泉郷から3分の場所にあり、スキー用具の無料レンタルも。
(☎)0185-79-2115(藤里町商工観光課)
(住)藤里町藤琴字板沢水沢149-1
(ア)藤里町役場から車で約10分
(期)12月25日〜2月末日まで営業
(営)9:00〜16:00(2月1日以降は、休日9:00〜17:00、平日10:00〜17:00)
(休)期間中無休

⑲ 白神山地世界遺産センター 藤里館
shirakami sanchi sekai isan center fujisato kan

白神山地を楽しく、深く教えてくれる場所です。常駐する白神山地自然アドバイザーの解説をぜひ、館前に藤琴川に触れるポイントあり。
(☎)0185-79-3001
(住)藤里町藤琴字里関63
(ア)藤里町役場から車で約7分
(営)9:00〜17:00(11〜3月は10:00〜16:00)
(休)火曜日(11〜3月は日・月曜休)、年末年始休

⑳ ホテルゆとりあ藤里(健康保養館)
hotel yutoria fujisato, kenko hoyou kan

ホテルも併設する温泉入浴施設で、プールやトレーニングルームがあります。日帰り入浴も可。
(☎)0120-535-362
(住)藤里町藤琴字上湯の沢1-2
(ア)藤里町役場から車で約7分

㉑ 湯の沢温泉郷
yunosawa onsen kyou

湯元和みの湯、ホテルゆとりあ藤里、農村環境改善センターと源泉の異なる三つの湯がある温泉地です。地元民も愛する美肌の湯です。
(住)藤里町藤琴字上湯の沢地内
(ア)藤里町役場から車で約7分

ラムクレ丼

㉒ 白神山地 森のえき
shirakami sanchi mori no eki

白神山地の観光案内所も兼ねる物販飲食施設。白神牛や町産のラム肉とクレソンで作るラムクレ丼などが人気です。エコツアーの申込みもこちらから。
(☎)0185-88-8021
(住)藤里町藤琴字里館38-2
(ア)藤里町役場から車で約7分
(営)10:00〜17:00(食堂は11:00〜14:00)
(休)木曜

㉓ 高山（標高388m）
takayama

湯の沢温泉郷からも登れるトレッキングコースのある里山。山間を流れる藤琴川や、周辺の集落を眺められます。山頂まで約50分。
(住)藤里町藤琴字下湯の沢地内
(ア)藤里町役場から藤里町湯の沢まで約10分

㉔ 銚子の滝
choushi no taki

江戸時代の紀行家・菅江真澄も訪ねたと滝です。近づくと、離れてみる姿とは一致した景観を体感できます。
(住)藤里町藤琴字下湯の沢地内
(ア)藤里町役場から車で約9分

㉕ 峨瓏大滝
garou ootaki

江戸時代の紀行家・菅江真澄が歌に詠んだお墓跡です。道路から見ることができます。雨の日の滝の姿は圧巻です。
(住)藤里町藤琴字大滝地内
(ア)藤里町役場から車で約8分

㉖ 水神様の大ケヤキ
suijinsama no ookeyaki

樹齢1000年を越える大ケヤキです。根元の水が1度も枯れたことがなく、水神様の大ケヤキと呼ばれています。
(住)藤里町大沢字向山下86-1
(ア)藤里町役場から車で約5分

㉗ 藤琴川・粕毛川
fujikoto gawa, kasuge gawa

白神山地に端を発するきれいな流れの中で、アユやイワナが泳いでいます。粕毛川は、立ち入りが禁止された遺産核心エリアからの流れです。

鮎釣り

(☎)電話番号　(住)住所　(ア)アクセス
(期)営業期間　(営)営業時間　(休)定休日・開庁日

イラストレーション・Yone(米村知倫)

背面

藤里町 観光 [検索!]　●発行 秋田県藤里町　●発行日 平成30年10月7日　●お問い合わせ 0185-79-2115(藤里町商工観光課)

藤里町導覽

經由手繪插圖傳達了位在世界遺產白神山地山腳下之藤里町整體的印象，同時展現了群山連連到白神山地的壯濶與小鎮的魅力。

秋田縣藤里町插圖MAP 〔地方政府 Local government〕
CL：秋田縣藤里町　CD：井口桂介　AD：小林泰和（COBAYASHI DESIGN）
D：柳澤貴彥（COBAYASHI DESIGN）I, SB：米村知倫（Yone）
© 2018 Town Fujisato, Akita, Japan

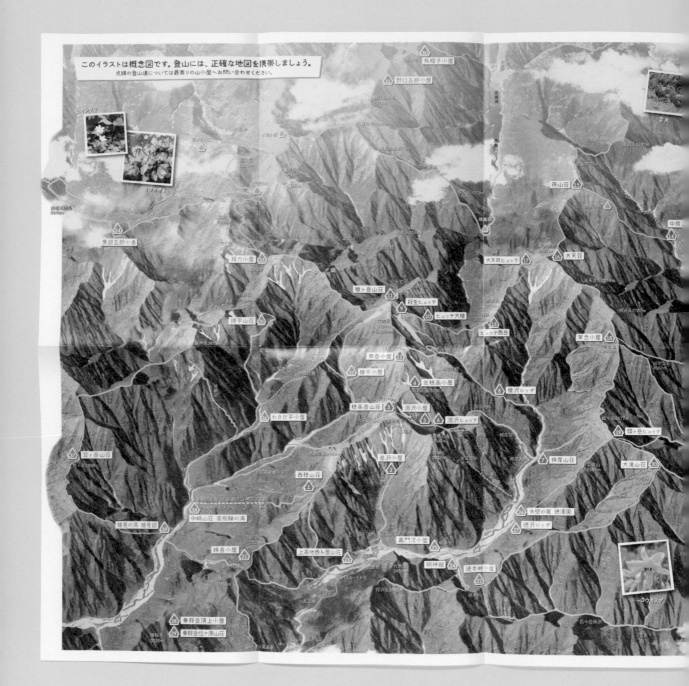

北阿爾卑斯南部地區的山屋指南

此為日本北阿爾卑斯南部地區的山區和山屋指南，刊載了山屋、登山路徑圖和個別路徑所需時間等資訊。眾多山屋的位置關係在地圖上以容易理解的方式編排。

日本北阿爾卑斯山山屋指南 〔山屋交友會 Mountain lodge association〕
CL, SB：北阿爾卑斯南山山屋交友會　AD：古畑泰明　D：古田秋理　DF：Kami Labo.

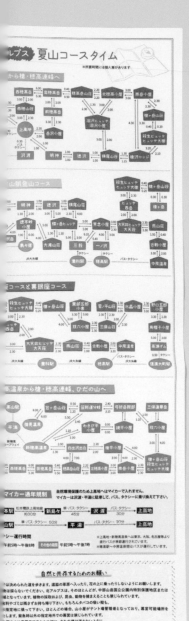

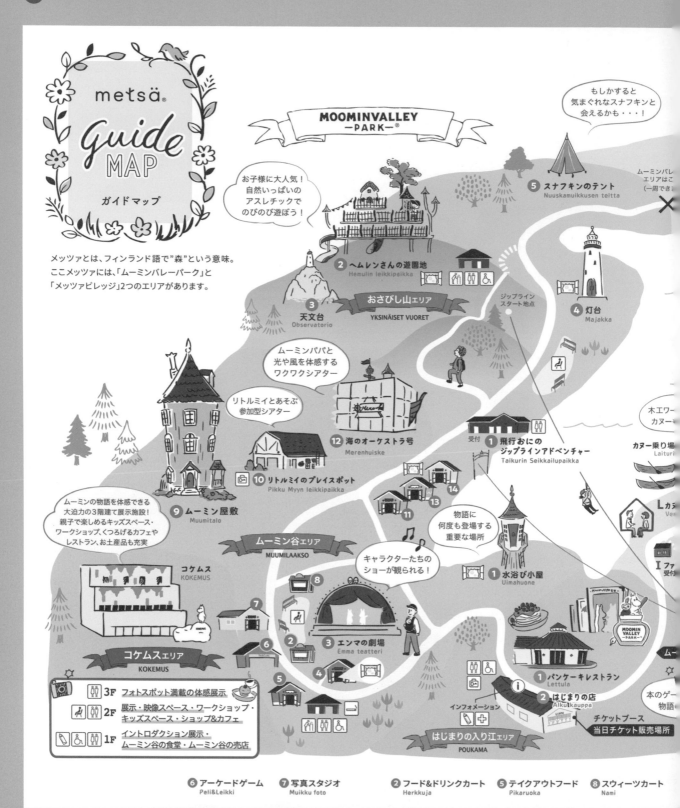

設施導覽圖

以北歐和姆明（Moomin）的故事為主題的設施導覽。用插圖介紹各種設施的地點和體驗內容，在不破壞姆明故事的世界觀又帶有溫馨感受的情況下，營造出歡樂的氣氛。

metsä® guide MAP　導覽地圖
（主題樂園營運 Amusement park management）
CL, SB：姆明的故事　I：師子堂真理子

※metsä是芬蘭語「森林」的意思。

マの店　⑪ リトルミイの店　⑬ ニブリングの店　⑭ 郵便
kauppa　　Pikku Myy kauppa　　Tahmatassu kauppa　　Posti

觀光指南

為了促使沼津港的遊客前往市內觀光，以手繪地圖的方式傳達城鎮的魅力。
這是根據工作坊參與者實際走訪市內收集得來的資訊製作而成的。

沼津市內散策地圖／無底的沼津地圖 〔地方政府 Local government〕
CL, 發行：沼津市　I：中尾仁士　企畫制作, SB：手繪地圖推廣委員會

マルコ 店主の旅行記
沼津名物あんかけフルハウティのお店。店内には店主の旅行記がいっぱい！(略)

ラクーン デパート 沼
昔の西武デパート。地方都市１号店。いまよしもと劇場をはじめ、多数イベントを開催。天気の良い日に屋上からの富士山ダマニアなビュースポット。

都まんじゅう おかし 沼
昔から添加物無しの身体にやさしいお菓子づくり。お店に行けば作っている様子を見ることができる。さらに、社長さんのお知り合い！？の歌手の方のCDも NOW ON SALE!

松浦酒店 お酒 沼
昔はお店の地下で立ち飲み？ができたらしい。いまもたまにお店の外で飲めます！沼津の魚に合う日本酒をオススメしてもらいたい

沼津中央公園 ラン 沼
Nステレンタサイクル
更衣室やシャワールームを備えたランニング＆まちあるき拠点施設。

洸屋 そうざいパン 沼
町の人に愛される惣菜パンのお店。コロッケパン、メンチカツサンド！

沼津田丸屋 あさび 沼
ワサビ漬けの風味が鋭い！！その昔沼津三大女傑と言われたおばあさんが居たらしい

REFS やさい 沼
野菜を中心とした食のセレクトショップ。店主の小松さんは沼津の魅力発信の仕事人！

Lot'n アウトドア 沼
狩野川のほとりでのんびりBBQ、カヤック体験などまちなかアウトドアならLot'nをチェック！

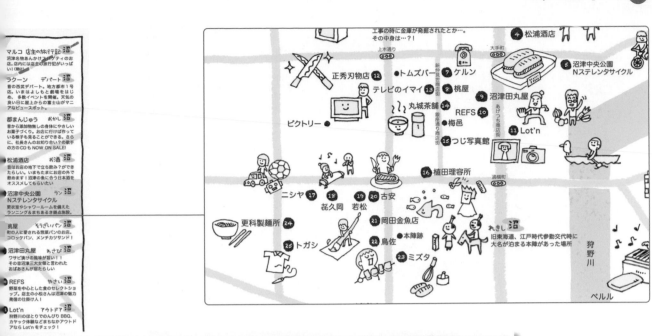

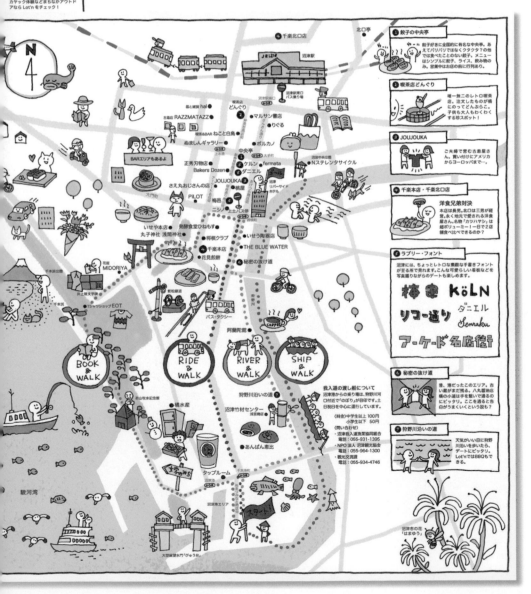

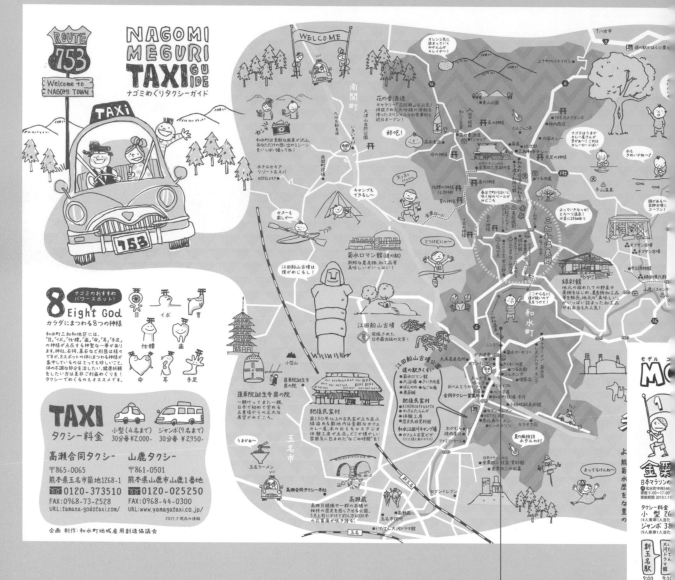

和水町計程車觀光導覽

此為乘坐計程車遊覽和水町的觀光地圖，除了典型的計程車觀光路線，也列出大致的費用。為便於攜帶，設計成折疊後約是手掌大小的尺寸。

和水町計程車觀光導覽 〔地方議會 Local council〕
CL, CD, SB：和水町地區創造就業協議會　AD, D, I：田河和子

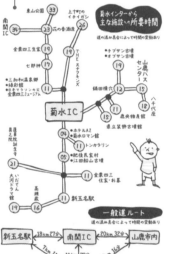

北攝區域圖

此為宣傳大阪府北部之北攝地區不動產和生活形態網站裡的主視覺，在省略細節的情況下仍可大致看出該地區的位置關係和景點，用清晰的線條和顏色創作出包含生動的人物景象，散發歡樂氣息的區域圖。

宣傳北攝地區不動產與生活形態的網站「HOKULAS」（不動產 Real estate）
CL, 企畫, 制作：Standard　I, SB：石 明子

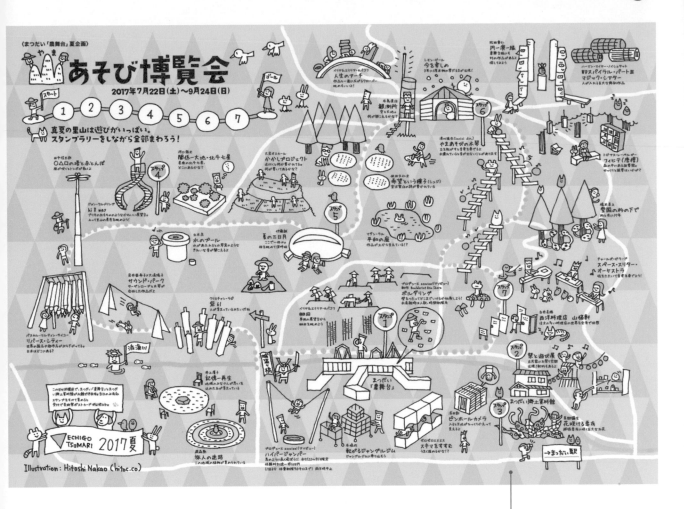

活動地圖

此為有現代藝術座落山林間的「松代雪國農耕文化村中心『農舞台』」所舉辦的夏季企畫展「山遊博覽會」的活動地圖，用插畫介紹沿途的作品，並標示出集章活動的路徑。

農舞台2017夏季企畫展「山遊博覽會」 （非營利法人 Non - profit organization）

CL：越後妻有里山協作機構　企畫：橫尾悠太　I, SB：中尾仁士

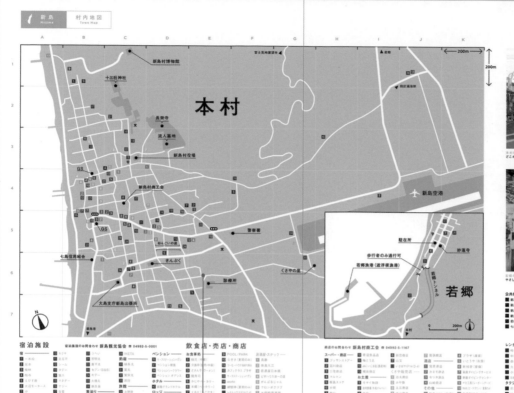

新島 Niijima　村内地図 Town Map

本村

若郷

本村の風景
どこか懐かしさを感じさせる本村のメインストリート。

若郷の風景
やさしい空気に包まれている素朴な若郷地区。

公共機關
- 新島村役場　04992-5-0240
- 新島本村診療所　04992-5-0083
- 新島郵便局　04992-5-0381
- 若郷郵便局　04992-5-0088
- 七島信用組合　04992-5-0661

レンタカー
- ねじゃホース　04992-5-0071
- 中島レンタカー　04992-5-0210
- 後地モータース　04992-5-1629
- 大浜モータース　04992-5-0120
- さくま自動車　04992-5-2153
- とうきょうレンタルバイク　04992-5-1526

タクシー
- 宮路タクシー　04992-5-0318
- 井出旅　04992-5-0847
- まとぶ交通　04992-5-0373
- 新島タクシー　04992-5-03A6

宿泊施設　宿泊施設のお問合わせ 新島観光協会 ☎ 04992-5-0001

飲食店・売店・商店

お食事処 / ペンション / ホテル / ロッジ / 釣具 / 居酒屋・スナック / 喫茶・軽食

売店のお問合わせ 新島村商工会 ☎ 04992-5-1167

スーパー・商店 / お土産 / その他 / 酒店 / くさや販売店

16　　17

新島村商工会
GS

- 10 青沼食品店
- 11 梅とう丸
- 12 JAにいじま店（農産物）
- 13 横田商店

お土産
- 1 モヤイ物語
- 2 池村製菓（牛乳せんべい）
- 3 紅谷
- 4 ブルーアイランド
- 5 エレガンス

- 6 前忠商店
- 7 山文
- ■ いさばや（P14 D-4）

くさや販売店
- 1 池太商店
- 2 みや藤
- 3 丸五商店
- 4 吉山商店
- 5 植八商店
- 6 梅藤水産

新島・式根島 全圖／村內地圖
詳細介紹每個島上各種活動、餐飲店和住宿等資訊的旅遊手冊。分別以新島和式根島為封面構成一冊，在第一個對開頁裡用日本地圖指出大致的位置，繼續翻閱下去，會出現更多細部地點的訊息。

新島・式根島觀光簡冊〔地方政府 Local government〕
CL, SB：新島村公所 產業觀光課

式根島 Shikinejima　村内地図 Town Map

初めての島の旅。
歩き疲れて、ふと立ちどまる。
この道はどこにつながるのだろう。
また歩き出す。
こころに小さな冒険を。

20

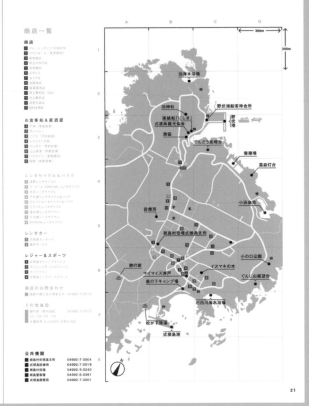

商店一覧

商店
1　フレッシュライフSHINYA
2　マリンルーム「音木屋彦」
3　前野商店
4　前村商店
5　山下商店
6　みやとら
7　大下商店
8　北原商店
9　海塚酒造店
10　田上商店「55」
11　井上商店
12　池野商店
13　前村商店

お食事処＆居酒屋
1　うまや（居酒屋）
2　サンバレー
3　こころ（予約制）
4　レストラン木波
5　マンボウ「居酒屋」
6　上山食堂（季節営業）
7　ハウディ（夏季営業）
8　松坂（夏季営業）

レンタサイクル＆バイク
1　池野レンタサイクル
2　シーサイドSHINSHO レンタサイクル
3　かみしんレンタサイクル
4　やまぎわレンタサイクル＆バイク
5　さわべレンタサイクル＆バイク
6　とやベレンタサイクル
7　清水島レンタサイクル
8　宮辺レンタサイクル
9　SHINYAレンタサイクル

レンタカー
1　式根島カーサービス
2　協和サービス

レジャー＆スポーツ
1　式根島ダイビングサービス
2　マリンサービスパラダイス
3　シーガーデン
4　式根島シーカヤッククラブ

旅館のお問合わせ
旅館・村民宿案内まで　04992-7-0213

その他施設
開花湯　　　　　04992-7-0575
10：00～21：30
中浦海水浴場 大人¥200 子供¥100

公共機関
新島村式根島支所　04992-7-0004
式根島診療所　　04992-7-0019
新島村役場　　　04992-5-0240
新島警察署　　　04992-5-0381
式根島郵便局　　04992-7-0001

21

新島 Niijima

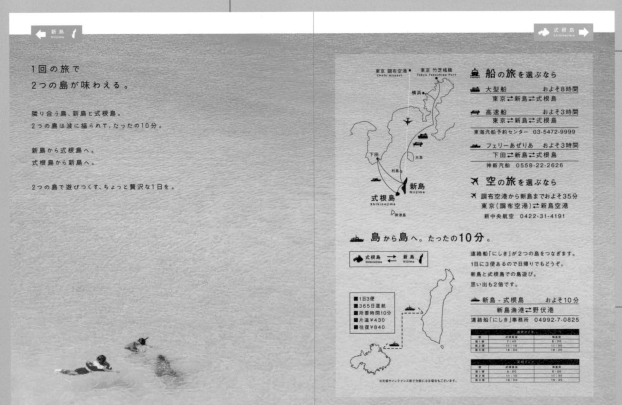

1回の旅で
2つの島が味わえる。

隣り合う島、新島と式根島。
2つの島は波に揺られて、たったの10分。

新島から式根島へ。
式根島から新島へ。

2つの島で遊びつくす、ちょっと贅沢な1日を。

式根島 Shikinejima

東京 調布空港 Chofu Airport　東京 竹芝桟橋 Tokyo Takeshiba Port

横浜

下田

大島

式根島 Shikinejima　新島 Niijima

神津島

船の旅を選ぶなら

大型船　およそ8時間
東京⇄新島⇄式根島

高速船　およそ3時間
東京⇄新島⇄式根島

東海汽船予約センター　03-5472-9999

フェリーあぜりあ　およそ3時間
下田⇄新島⇄式根島

神新汽船　0558-22-2626

空の旅を選ぶなら

調布空港から新島までおよそ35分
東京（調布空港）⇄新島空港

新中央航空　0422-31-4191

島から島へ。たったの10分。

式根島 Shikinejima ⇄ 新島 Niijima

連絡船「にしき」が2つの島をつなぎます。
1日に3便あるので日帰りでもどうぞ。
新島と式根島での島遊び。
思い出も2倍です。

新島 - 式根島　およそ10分
新島漁港⇄野伏港

連絡船「にしき」事務所　04992-7-0825

■1日3便
■365日運航
■所要時間10分
■片道¥430
■往復¥840

	式根島発	新島発
第1便	7：40	8：00
第2便	11：10	11：30
第3便	16：00	16：20

	式根島発	新島発
第1便	8：00	8：20
第2便	11：10	11：30
第3便	16：00	16：20

※天候やメンテナンス等で欠航になる場合がございます。

18

19

世田谷代田エリア　下北沢エリア　**東北沢エリア**

11　Hブロック【商業施設】

12　I - I ブロック【商業店舗】

13　I - II ブロック【宿泊施設】

世田谷代田エリア　**下北沢エリア**　東北沢エリア

7　J ブロック【学生寮】

8　F ブロック【商業施設】

9　下北沢駅【商業施設】

10　空き地【イベントスペース】

下北線路街※區域別設施介紹

以下北線路街的主色灰色為基調，搭配商店和設施的黃色標示，強烈的
色彩帶來期待開店和展現希望的積極印象。

下北線路街 網站 （鐵路事業 Railway company）
CL：小田急電鐵　CD, AD：佐佐木智也（PARK Inc.）
CD, CW：田村大輔（PARK Inc.）
CD：三好拓朗（PARK Inc.）　CW：海本栞璃（PARK Inc.）
D：中根佳菜子（PARK Inc.）/ 前平亮祐（PARK Inc.）/ 布田愛實
Front End Engineer：田島真悟（Lucky Brothers & co.）　SB：PARK Inc.

※下北線路街是小田急小田原線東北澤站到世田谷代田站之間，因鐵路地下化於2021年誕
生的新開發區。

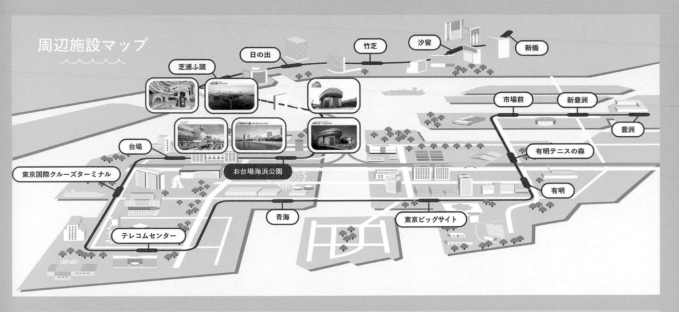

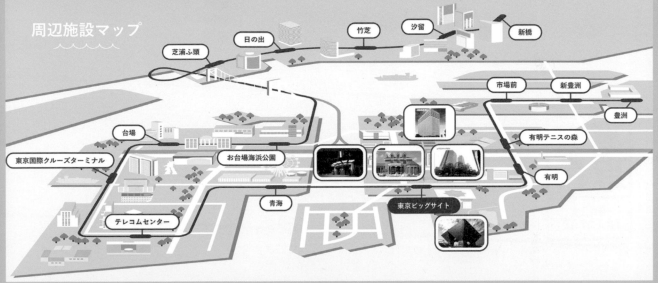

新交通百合海鷗號周邊設施導覽

為提供沿線豐富的觀光資源訊息，同時發揮路線單純的印象，善用
網站媒體特有的互動式設計，能在點擊個別車站後，顯示周邊設施
介紹。

百合海鷗號官方網站（鐵路事業 Railway company）
CL, SB：百合海鷗號

ちょうどいい、山里暮らしがある。奈良の高取にある。

Life

奈良高取で暮らす。

自然と歴史遺産に囲まれ、豊かな時間を過ごすことができる奈良県高取町。大型ショッピングセンターや大学病院のある隣町の橿原市内へは、車で20分ほどの近さ。穏やかな生活を送れる一方で、都会へのアクセスが抜群な点も高取町の大きな魅力のひとつです。この近隣マップが「奈良高取で暮らす。」妄想の一助となれば幸いです。

NARA TAKATORI

数字でみる奈良高取

面積	25.79 km²
人口	6,777人
世帯数	2,873世帯
主な産業	製薬業、印刷業、農業
人口構成	0〜14歳：10%、15〜64歳：54%　65歳以上：36%（2015年国勢調査）

主要都市からのアクセス

■電車でお越しの場合

50分	大阪阿部野橋		橿原神宮前		壺阪山駅
110分	近鉄京都	大和西大寺	橿原神宮前		
60分	近鉄奈良	大和西大寺	橿原神宮前		
230分	東京	京都／近鉄京都	大和西大寺	橿原神宮前	

■車でお越しの場合

50分	大阪	南阪奈道路葛城IC	大和高田バイパスR169	高取町
85分	京都	京奈和自動車道御所IC		
55分	奈良	京奈和自動車道御所IC		
60分	関西国際空港	阪和自動車道美原JCT	南阪奈道路葛城IC	

NARA TAKATORI

＊データ数値および地図情報は2019年4月1日現在のものです。

NARA TAKATORI

奈良高取町沿線地圖・和主要城市往來的交通指南

這是以將來考慮過農村生活的人為導向的小冊子。簡單的地圖設計帶給人一種「恰到好處的山村生活」印象，只需短距離的移動就能與各大城市往來。

高取町品牌行銷業務／促進移居簡冊
〔地方政府 Local government〕
CL, SB：高取町公所　CD, AD：淺川和敏（SOILFUL）　D：高橋惠
P, CW：森 裕香子

Rīga, Latvia

リガ・ラトビア

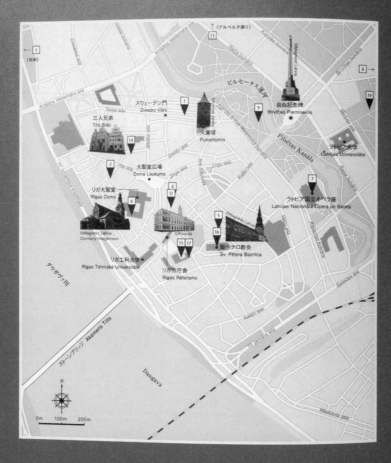

↑（アルベルタ通り）

← 1
（対岸）

スウェーデン門
Zviedru Vārti

三人兄弟
Trīs Brāļi

火薬塔
Pulvertornis

ビルセータス運河

自由記念碑
Brīvības Piemineklis

Pilsētas Kanāls

ラトビア大学
Latvijas Universitāte

大聖堂広場
Doma Laukums

リガ大聖堂
Rīgas Doms

©Magnetic Latvia
Domtony Hodgkinson

ラトビア国立オペラ座
Latvijas Nacionālā Opera un Balets

©Polyrās

聖ペテロ教会
Sv. Pētera Baznīca

リガ工科大学
Rīgas Tehniskā Universitāte

リガ市庁舎
Rīgas Rātsnams

ダウガヴァ川

ストーンブリッジ Akmens Tilts

Daugava

0m   100m   200m

N

バルト三国の首都のなかでもっとも都会的であり、経済的にも発展しているリガ。1201年にドイツ人が上陸して要塞を築いたのがはじまりで、13世紀にハンザ同盟へ加盟したのち急速に花開く。16世紀からはポーランド・リトアニア連合国やスウェーデン、ロシアの支配下に置かれた。運河を隔てて西が旧市街、東が新市街であり、その境にはラトビアを象徴する自由記念碑が立つ。旧市街には ラックヘッドの会館 [→15] など貿易に関する建物が多く、ハンザ同盟都市として栄えた当時の面影が残る。また教会も多く、聖ペテロ教会 [→16] の塔に登れば街全体を一望できる。リガの街はダウガヴァ川の右岸からはじまり、外へ外へと広がった。時代ごとに様相が異なる建築を巡って歩くのも楽しく、新市街の ユーゲントシュティール建築 [→13] は見どころのひとつ。

食べる

©Magnetic Latvia

3 Pavāru Restorāns
3 パヴァール・レストランス
店名は「3シェフのレストラン」の意。料理は洗練され店内は高級感があるが、オープンで居心地がよい。参加型の料理講座や市場を巡るツアーなども開催している。URL 3pavari.lv

Valtera Resto[...]
ヴァルテラ・レスト[...]
リガ大聖堂の近[...]
だわったオーガ[...]
ビアの田舎をイ[...]
があり、メニ[...]
URL valterareste[...]

観る

5 Dekoratīvās Mākslas un Dizaina Muzejs
工芸とデザインの博物館
リガ最古の教会である「聖ゲオルギ教会」を改装した博物館。テキスタイルや陶磁器などラトビアの工芸やデザインを堪能できる。URL www.lnmm.lv/lv/dmdm

6 Rīgas Vēsture[...]
Kuģniecības[...]
リガ歴史航海[...]
ハンザ貿易都市[...]
運の歴史を学べ[...]
歴史ある博物館[...]
堂の修道院。船の[...]

ひと息

9 Bastejkalns
バスティカルナ公園
旧市街と新市街の境にあるビルセータス運河沿いの公園。季節によりさまざまな表情が楽しめる市民の憩いの場で、晴れた日には子どもから大人までが散歩している。カナルクルーズもある。

10 Vērmanes Dā[...]
ヴェールマネ[...]
新市街内、ラト[...]
園。リガで2番[...]
趣ある木製の野外[...]
マンスやコンサー[...]
歩きに疲れたら[...]

歩く

13 Jūgendstils
ユーゲントシュティール建築
19世紀後半に建てられた、アール・ヌーヴォー様式の建築。曲線や植物文様、人面・人体像などの華やかな装飾が印象的。新市街のアルベルタ通り周辺に集中している。

14 Trīs Brāļi
三人兄弟
中世の一般住宅[...]
のまま残ってい[...]
ビルス通りにあ[...]
なっている。無料[...]
中庭や階段など[...]

里加（拉脫維亞）與維爾紐斯（立陶宛）區域圖

以「波羅的海神祕之旅」為題，介紹隱身在俄羅斯和鄰國背後，好似罩上一層面紗的波羅的海三國。為了讓人感受漫步首都街頭的樂趣，在地圖裡配置了深具特色的建築物照片。

TRANSIT 47號 騎馬釘裝附錄「波羅的海神祕之旅」
〔編輯製作 Editing & production〕
CL, SB：euphoria factory　D（騎馬釘裝附錄）：本庄浩剛
編輯，撰文：橋本安奈（TRANSIT編輯部）

わたしのまちの アートトイレMAP

ぜひお立ち寄り ください！

区内の公園トイレを改修するとしまパブリックトイレプロジェクト。アーティストの皆さんや地域の方々の協力により、個性豊かな24のアートトイレが完成しました！

〈FFフレンドリーマップ〉
24か所のアートトイレの
詳細地図はこちらから

Web「としま
レをご紹介
ンセプトや
すので、ご覧

A 千早二丁目公園
千早2-35-15

B 南長崎公園
南長崎3-37-2

C 長崎二丁目中央児童遊園
長崎2-25-11

D 長崎二丁目第2児童遊園
長崎2-8-1

F 高松二丁目児童遊園
高松2-33-11

H 目白四丁目旭出児童遊園
目白4-19-11

E 要町一丁目児童遊園
要町1-25-3

G 目白四丁目児童遊園
目白4-11-15

I 池袋公園
池袋4-22-9

J 池袋第二公園
池袋3-29-4

K 南池袋一丁目公園
南池袋1-4-3

FREE!
としまscope
PRESS MINI

豐島區藝術公廁地圖
此為東京都豐島區宣傳網站「豐島scope」所發行的免費刊物。第2集裡用地圖搭配照片的方式介紹各具特色的藝術公廁，是公園廁所改建之「豐島公廁專案」（Toshima Public Toilet Project）的成果。

豐島scope PRESS MINI vol.2
〔地方政府 Local government〕
CL, SB：豐島區政策經營部企畫課　D：三宅理子
P：西野正將與其他　編輯：田口美紀子
制作：豐島區「實現自我生活的城市」推廣室/
Arts Network Japan

朝日公園
巢鴨5-22-1

そめいよしの児童遊園
駒込6-1-6

駒込六丁目児童遊園
駒込6-25-2

駒込四丁目公園
駒込4-7-25

駒込公園
駒込2-3-23

上池袋公園
上池袋2-25-9

雑司が谷二丁目四つ家児童遊園
雑司が谷2-1-6

東池袋五丁目第2児童遊園
東池袋5-21-7

高田二丁目中央児童遊園
高田2-6-2

高田一丁目児童遊園
高田1-23-33

北大塚二丁目公園
北大塚2-34-2

朝日通り
西巣鴨
庚申塚
折戸通り
新庚申塚
染井通り
白山通り
駒込図書館
駒込小
本郷中・高
文京高
巣鴨新田
北大塚二丁目公園
駒込生活実習所
駒込福祉作業所
大塚
巢鴨
駒込

としまパブリックトイレプロジェクト
「TPTP」と名付けられたこのプロジェクトは、Toshima Public Toilet Projectの略で、豐島区が2020年に向けて行っている「パブリックトイレの大改造」のこと。トイレを改修しているほか、公衆トイレやコンビニ店舗など、利用できるトイレのマップも作成しました。

Toshima
Public Toilet
Project
としま
パブリックトイレ
プロジェクト

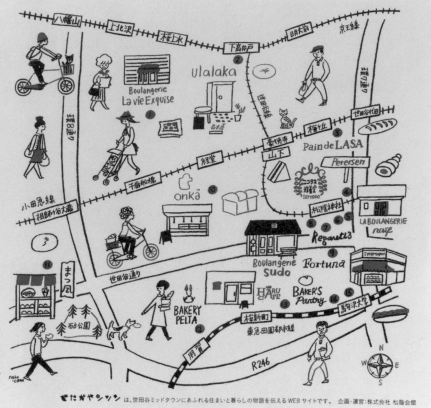

世田谷ミッドタウン パンタスティック パン屋MAP by せたがやンソン

① ラ・ヴィ・エクスキーズ（千歳船橋）
② ウララカ（下高井戸）
③ パン・ド・ラサ（梅ヶ丘）
④ ピーターセン（若林）
⑤ ラ・ブランジェ・ナイーフ（若林）
⑥ ニコラス精養堂（松陰神社）
⑦ レガレット（松陰神社）
⑧ ブーランジュリースドウ（松陰神社）
⑨ フォルトゥーナ（松陰神社）
⑩ オンカ（経堂）
⑪ 松風（祖師ケ谷大蔵）
⑫ ベーカリー・ベルタ（用賀）
⑬ ハルカフェ（桜新町）
⑭ ベーカーズパントリー（駒沢）
⑮ パオン昭月（駒沢）

※イラストマップはイメージです。
このパンマップは「せたがやンソン」の特集と連動しています。
各店の住所、詳しい情報はウェブサイトに掲載しております。

www.setagayanson.com

せたがやンソン は、世田谷ミッドタウンにあふれる住まいと暮らしの物語を伝える WEB サイトです。 企画・運営：株式会社 松陰会館

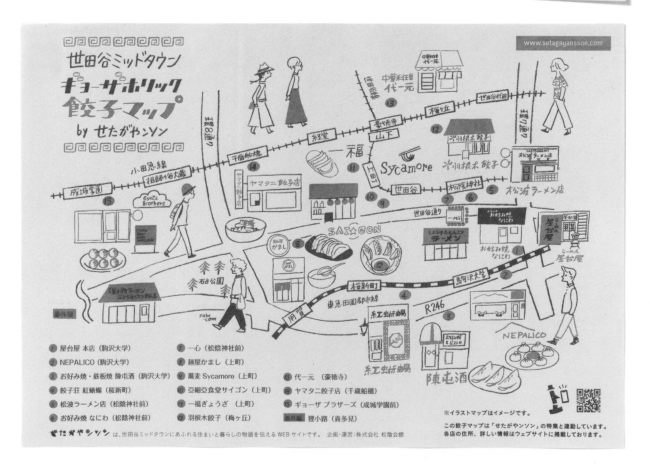

世田谷ミッドタウン ギョーザホリック 餃子マップ by せたがやンソン

www.setagayanson.com

① 屋台屋 本店（駒沢大学）
② NEPALICO（駒沢大学）
③ お好み焼・鉄板焼 陳屯酒（駒沢大学）
④ 餃子荘 紅蜥蜴（桜新町）
⑤ 松波ラーメン店（松陰神社前）
⑥ お好み焼 なにわ（松陰神社前）
⑦ 一心（松陰神社前）
⑧ 麺屋かまし（上町）
⑨ 蕎麦 Sycamore（上町）
⑩ 亞細亞食堂サイゴン（上町）
⑪ 一福ぎょうざ（上町）
⑫ 羽根木餃子（梅ヶ丘）
⑬ 代一元（豪徳寺）
⑭ ヤマタニ餃子店（千歳船橋）
⑮ ギョーザ ブラザーズ（成城学園前）
番外編 狸小路（喜多見）

※イラストマップはイメージです。

せたがやンソン は、世田谷ミッドタウンにあふれる住まいと暮らしの物語を伝える WEB サイトです。 企画・運営：株式会社 松陰会館

この餃子マップは「せたがやンソン」の特集と連動しています。
各店の住所、詳しい情報はウェブサイトに掲載しております。

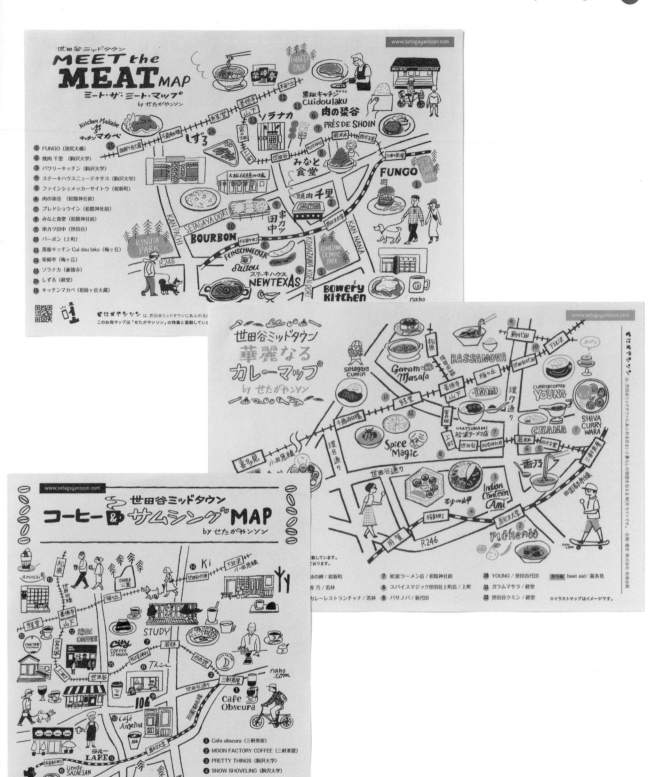

**SETAGAYANSSON「世田谷中城」
主題別店鋪指南**

此為世田谷當地媒體「SETAGAYANSSON」發行的插畫地圖,介紹了世田谷區內老店和新開的商店。經由紙面和網路媒體流通,紙面採草紙印刷,給人一種復古的印象;網頁則以醒目的插畫,吸引讀者進一步探索網站內容。

SETAGAYANSSON「世田谷中城」
〔城市規劃・社區發展業務 Regional development〕
CL, SB:松陰會館 I:Naho Ogawa

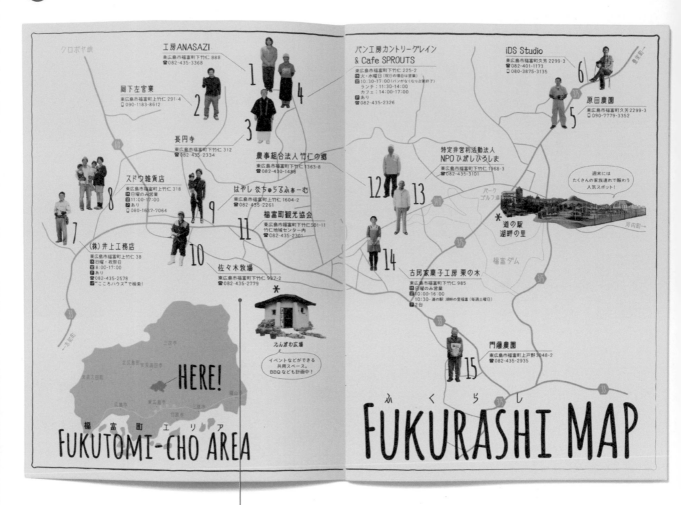

福富町區域圖

這是一本以成為人口稀疏地區之繼承者的年齡層為對象，推廣移居當地的小冊子。地圖裡不僅標示了商店的位置，也刊登當地就業者的照片，促進讀者對在地生活的實際想像。

FUKURASHI 活化福富町專案 vol.2 （地方議會 Local council）
CL, SB：竹仁協議會　編輯, D：Good life　P：iDS Studio / 青野文幸
採訪，撰文：Metoriable
製作推行：FUKURASHI應援團

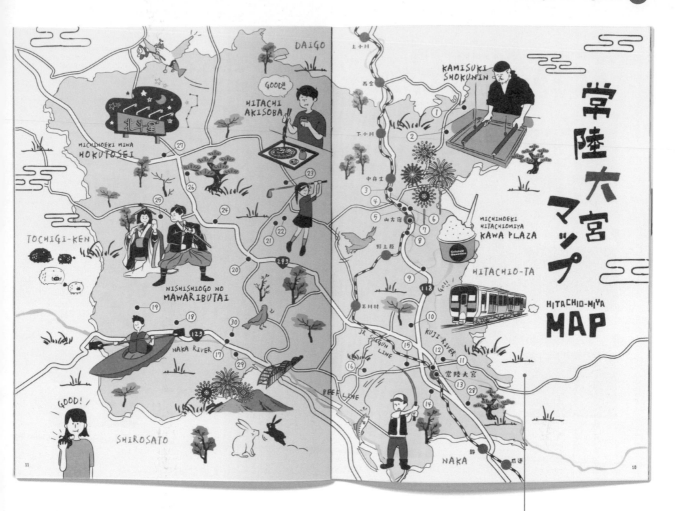

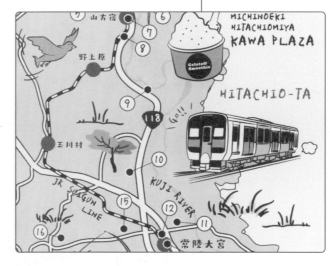

常陸大宮市導覽

這是為了推廣茨城縣常陸大宮市的魅力而創辦的旅遊雜誌，收錄了老少都能
從中獲得樂趣的內容，在地圖頁也採用大眾都能接受的插圖和配色。

戀街in常陸大宮市 〔地方政府 Local government〕
CL：常陸大宮市公所商工觀光課　CD, P：米川朋宏　D：坪井梨惠　I：Fumiya Uehara /
鈴木海斗　P：瀨能啓太　MD：Yuina / Saori Sugawara　DF, SB：jimanni

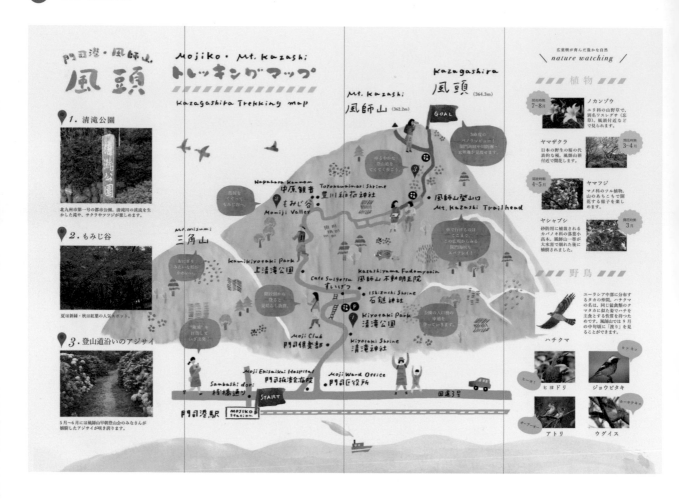

風師山登山路徑圖

此為介紹登山路徑、裝備和交通方式的小冊子。為鼓勵初學者和女性嘗試山區徒步旅遊，採用柔和的插圖與顏色，營造容易取閱和理解的印象。

風頭登山路徑圖 〔地方政府 Local government〕
CL, SB：北九州市門司區公所總務企畫課

活動地圖

以「飛鳥古墳」為題的攝影比賽傳單。直接採用標示古墳拍攝地點的手繪插圖當作主視覺。

飛鳥資料館　夏季企畫展 第10次攝影比賽 飛鳥古墳
〔文化財研究所 Cultural institute〕
CL：奈良文化財研究所 飛鳥資料館　CD：太田洋晃　D：小出怜子　I：森田麻子
SB：Marble.co

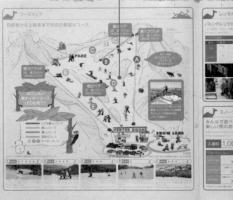

NORN水上雪道路線圖

為慶祝25週年,重新採用開業當初為滑雪場代言的「駱駝」※形象。在雪道路線圖方面,用溫和的畫風來呈現整體印象,再輔以照片以易於理解的方式說明路線的多樣化。

2019-2020滑雪季 NORN水上滑雪場簡冊
(滑雪場營運 Ski resort management)
CL, SB:Gunma Snow Alliance(群馬縣)

※駱駝的日語發音為「rakuda」=「楽だ」,意指離東京很近,能輕鬆抵達。

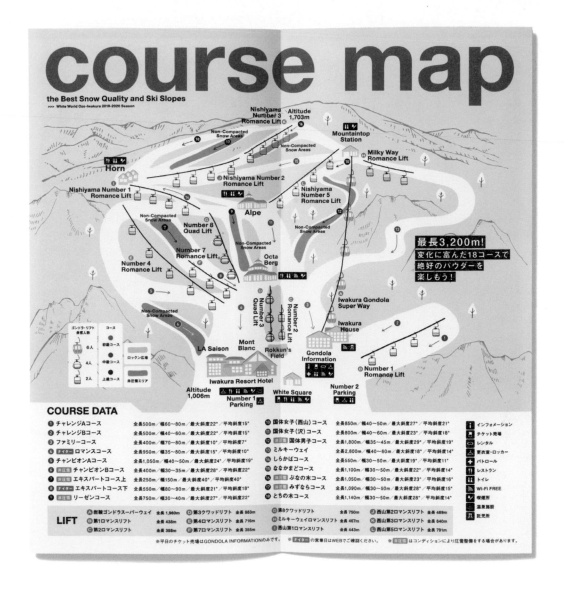

白色世界尾瀨岩鞍雪道路線圖

該簡冊是為了擴大20至40歲年輕客層和家庭等新目標顧客而製作。雪道路線圖也採用低調的顏色和簡單的圖示設計，展現時尚酷炫的效果。

白色世界尾瀨岩鞍 2019-2020滑雪季簡冊
〔滑雪場營運 Ski resort management〕
CL, SB：白色世界尾瀨岩鞍

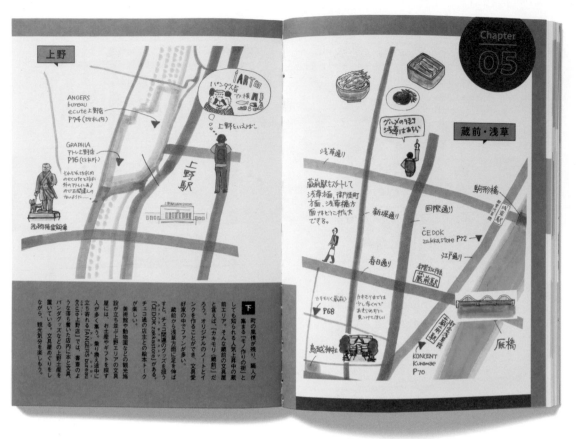

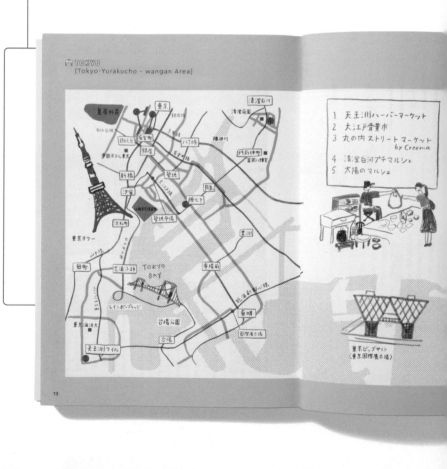

東京郊區流動市場指南

嚴選介紹東京郊區88個定期舉辦流動市場的導覽手冊。每一章的插畫地圖不僅容易看懂，加入市場和景點的意象縮影也傳達出流動市場歡樂熱鬧的氣息。

東京市集散步 （出版社 Publishing）
CL, SB：X-Knowledge　作者：柴山美佳
D：菅谷真理子（MaruSankaku）／高橋朱里
（MaruSankaku）
I：須山奈津希

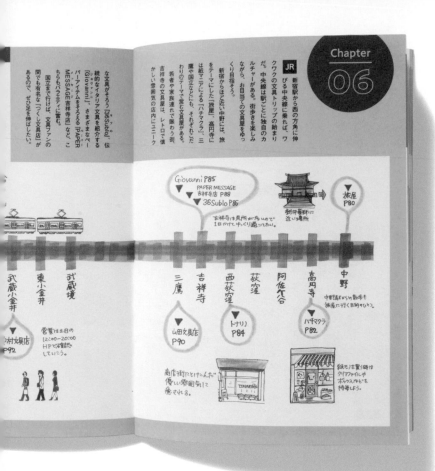

文具店指南

全數以彩繪插圖介紹了東京80家充滿個性的文具店。作者本身是個文具迷插畫家，內容涵蓋了從商店內外觀、店內推薦文具到地圖等，連插圖也是作者用身邊的文具繪製的。

東京 想要專程造訪的鎮上文具行
（出版社 Publishing）

CL, SB：G.B. 作者, I：Kouji Hayateno
編輯：山田容子（G.B.） DF：Q.design

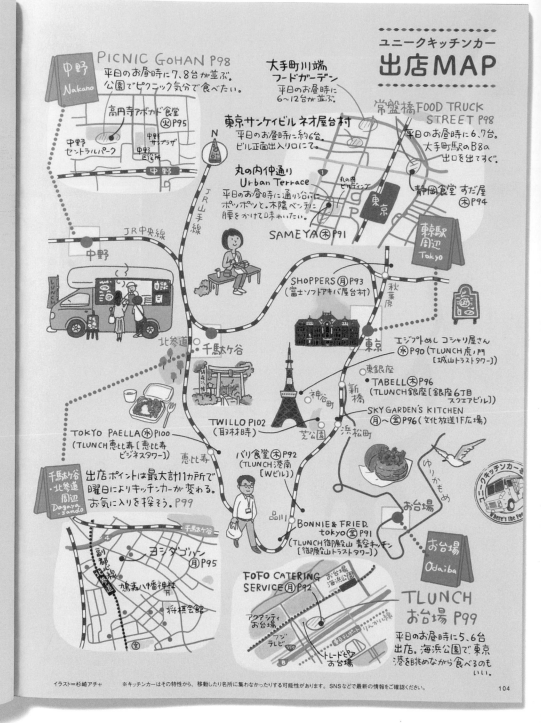

東京都內的餐車開店地圖

由於餐車屬移動式販賣，而決定採用便於讀者理解的插畫地圖來標示在東京市內大致的開店位置。因整體和詳細圖示交錯，因而放置簡化的電車路線圖與地標，以提高適閱性。

散步達人2020年6月號 第2特輯「追著獨特的餐車跑！」
（出版社 Publishing）
CL, SB：交通新聞社　總編：土屋廣道　主編：町田紗季子　D：三浦逸平
I：SUGIZAKI ACHA

Client Index
客戶索引

Client Index 客戶索引

A Advance Create 50

ATEX 160

AOI TYO Holdings Pathfinder 室 175

AISEI 藥局.............................. 62, 134, 136, 167, 168

B BASE 124, 183

C COLOPL 47

D dely 46

Dentsply Sirona 138

Deutsche Bank 176

E euphoria factory 32, 68, 118, 201

Evelist...................................... 113

G G. B 213

GALLUP／KNIGHT FOUNDATION...............................30

Gunma Snow Alliance 210

H HATCH 100

J JAGUAR Magazine...................................29

JCB 49

JOSEI MODE SHA 53, 132

K KADOKAWA 152

KIITO 設計與創意中心 神戶 102

KLAVIS...................................43

Kobelco Construction Machinery Engineering..........44

KNAX...................................66, 67

M MdN Corporation 48, 61

Mediwill 137

N NATURE'S WAY 161

N-DRICOM...................................54

NLI Research Institute 23

Newco One...................................174

O Oyatsu Town 171

P P&G Japan 116

Plot Content Agency 35

Panasonic 139

pdc...................................158

R Recruit...................................54, 108, 110

S seed...................................45

Street H magazine...................................74, 75, 78, 79

SUNNYISLAND 76, 77

SOZOS...................................88

Startia 94

Statistics of Sulawesi Tenggara Province 99

SoftBank 111

Standard 194

T Taica 65, 156

Terra Matter 26

TOTO 41

Tiemco 117

Tokyo Good Manners Project 140

Tokyu Agency／座 150

W WEB企畫 133

WingArc1st 92, 93

Wired UK 37

X X-Knowledge 212

Y Yi-Lan Association of Diabetes Supporters 98

YKK AP 56, 138

Z ZELIC Corporation 114

Zermatt Unplugged Festival 176

ㄅ 白色世界尾瀨岩鞍 211

百合海鷗號 199

北海道科學大學 59

北九州市門司區公所總務企畫課 208

北阿爾卑斯山山屋交友會 186

ㄇ 名古屋料理普及促進協議會 51

姆明的故事 188

ㄈ 飯沼本家 84

防衛省 38

豐島區政策經營部企畫課 203

富士通設計 96

ㄉ 大塚製藥 151

電波學園 53

「多喝水促進身體健康」推廣委員會事務局 90

東北開墾 123, 127

東海旅客鐵道 58, 131

東京都歷史文化財團 東京都現代美術館 172

ㄊ 台東區文化產業觀光部文化振興課 107

ㄋ 奈良文化財研究所 飛鳥資料館 209

ㄍ 高取町公所 200

龜岡市 市長辦公室故鄉創造課 181

ㄏ 和水町地區創造就業協議會 192

ㄐ 佳那榮商事 104

交通新聞社 214

京都水族館 70

ㄑ 京王電鐵 153

秋田縣藤里町 185

全日本空輸...14, 15, 16, 17, 18, 19, 20, 21, 80, 81, 82, 83,
146, 147

ㄒ 小田急電鐵 198

新島村公所 產業觀光課 196

祥傳社 149

熊本錢湯 141

ㄓ 沼津市 190

正進社 11

竹仁協議會 206

種子島宇宙藝術祭事務局 179

ㄔ 常陸大宮市公所商工觀光課 207

ㄖ 日本文部科學省 科學研究費補助金新學術領域研究「千層
結構的材料科學」課題題號18H05481 105

日本民營鐵道協會 89

日本登山嚮導協會 130

日本旅館協會 東京都分會 108

日本財團帕拉奧運會支援中心....................95

日經BP顧問 155

ㄙ 三井化學 86

三井住友海上火災保險 157

森紀念財團 都市戰略研究所 31

松陰會館 205

一 枻出版社 163, 164

一保堂茶鋪 154

伊藤忠商事 128

伊勢丹新宿店 112

ㄨ 為預防感染，你能採取的行動 91

ㄩ 越後妻有里山協作機構 195

資訊図表設計図鑑

化繁為簡的日本視覺化圖表、地圖、各類指南簡介案例

楽しい！美しい！情報を図で伝えるデザイン

作者	PIE 國際出版編輯部
翻譯	陳芬芳
責任編輯	張芝瑜
美術設計	郭家振
行銷企畫	謝宜瑾

發行人	何飛鵬
事業群總經理	李淑霞
副社長	林佳育
主編	葉承享
出版	城邦文化事業股份有限公司 麥浩斯出版
E-mail	cs@myhomelife.com.tw
地址	104 台北市中山區民生東路二段 141 號 6 樓
電話	02-2500-7578
發行	英屬蓋曼群島商家庭傳媒股份有限公司城邦分公司
地址	104 台北市中山區民生東路二段 141 號 6 樓
讀者服務專線	0800-020-299（09:30 ～ 12:00; 13:30 ～ 17:00）
讀者服務傳真	02-2517-0999
讀者服務信箱	Email: csc@cite.com.tw
劃撥帳號	1983-3516
劃撥戶名	英屬蓋曼群島商家庭傳媒股份有限公司城邦分公司
香港發行	城邦（香港）出版集團有限公司
地址	香港灣仔駱克道 193 號東超商業中心 1 樓
電話	852-2508-6231
傳真	852-2578-9337
馬新發行	城邦（馬新）出版集團 Cite（M）Sdn. Bhd.
地址	41, Jalan Radin Anum, Bandar Baru Sri Petaling, 57000 Kuala Lumpur, Malaysia.
電話	603-90578822
傳真	603-90576622
總經銷	聯合發行股份有限公司
電話	02-29178022
傳真	02-29156275

製版印刷	凱林印刷傳媒股份有限公司
定價	新台幣 580 元／港幣 193 元
ＩＳＢＮ	978-986-408-740-2

2023 年 6 月初版 3 刷 · Printed In Taiwan
版權所有 · 翻印必究（缺頁或破損請寄回更換）

Originally published in Japan by PIE International
Under the title楽しい！美しい！情報を図で伝えるデザイン
（Fun & Beautiful！Designs That Convey Information in Diagrams）
© 2020 PIE International
Original Japanese Edition Creative Staff:

著者	パイ インターナショナル
デザイン	関 木綿子
撮影	PIE Graphics
編集協力	風日舎
	山本文子（座右宝刊行会）
	大浜千尋
編集	斉藤 香

國 家 圖 書 館 出 版 品 預 行 編 目（ C I P ）資 料

資訊圖表設計圖鑑：化繁為簡的日本視覺化圖表、地
圖、各類指南簡介案例 /PIE 國際出版編輯部作；陳芬芳
譯 . -- 初版 . -- 臺北市：城邦文化事業股份有限公司麥
浩斯出版：英屬蓋曼群島商家庭傳媒股份有限公司城邦
分公司發行, 2021.10
　　面；　公分
譯自：楽しい！美しい！情報を図で伝えるデザイン
ISBN 978-986-408-740-2(平裝)

1. 圖表 2. 視覺設計

494.6　　　　　　　　　　　　　　110014808